U0322408

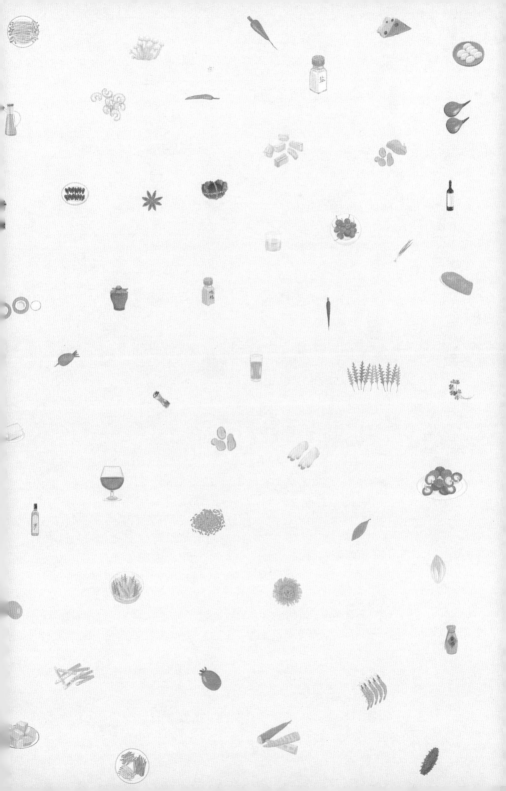

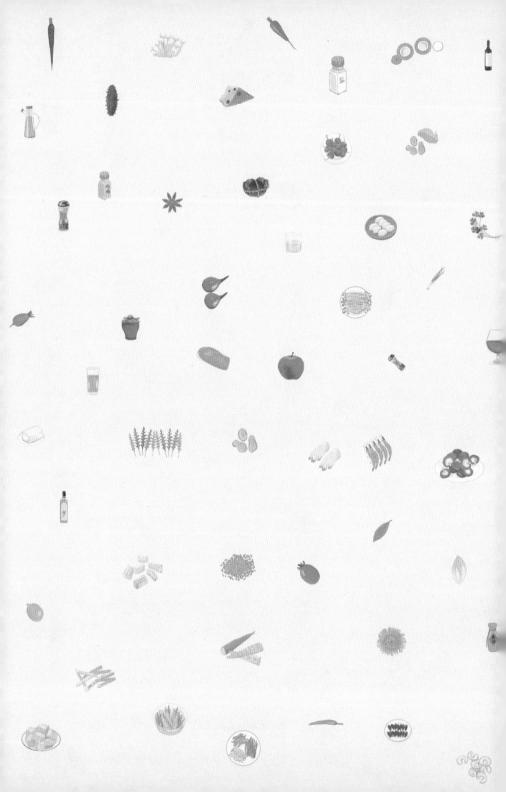

节气厨房

穿行四季的私房味道和
生活美学

梅依旧 著

江苏凤凰文艺出版社
JIANGSU PHOENIX LITERATURE AND
ART PUBLISHING, LTD

图书在版编目（CIP）数据

节气厨房 / 梅依旧著. — 南京：江苏凤凰文艺出
版社，2019.10
　　ISBN 978-7-5594-3798-3

　　Ⅰ.①节… Ⅱ.①梅… Ⅲ.①菜谱 Ⅳ.
①TS972.12

　　中国版本图书馆CIP数据核字（2019）第110471号

书　　　名	节气厨房	
著　　　者	梅依旧	
责 任 编 辑	孙金荣	
特 约 编 辑	于晨苗	
责 任 校 对	孔智敏	
出 版 统 筹	孙小野	
封 面 设 计	金鹰文化·车球	
出 版 发 行	江苏凤凰文艺出版社	
出版社地址	南京市中央路165号，邮编：210009	
出版社网址	http://www.jswenyi.com	
印　　　刷	三河市嵩川印刷有限公司	
开　　　本	880毫米×1230毫米　1/32	
印　　　张	9.25	
字　　　数	290千字	
版　　　次	2019年10月第1版　2019年10月第1次印刷	
标 准 书 号	ISBN 978-7-5594-3798-3	
定　　　价	49.80元	

（江苏凤凰文艺版图书凡印刷、装订错误可随时向承印厂调换）

记得小时候，母亲会随着二十四节气的变化，相应调整饭桌上的三餐饮食，立春时的一张春饼，谓之咬春；夏天一碗绿豆汤，解毒去暑赛仙方；秋季里，新采嫩藕胜太医；冬日里，萝卜白菜保平安。

二十四节气，是中国人诗意栖居的创造；是中国人的衣食农事依季节气候而作的自然时间；是华夏文化和生活的密码，在经久的传承中，已经成为指导人们生活的方法论。

在逐渐淡忘传统节气的时下，二十四节气依然用另一种方式提醒人们感知季节的变化，那就是"不时不食"。

"不时不食"，是一句常说的老话，出自孔子《论语·乡党第十》："食不厌精，脍不厌细。食饐而餲，鱼馁而肉败，不食。色恶，不食。臭恶，不食。失饪，不食。不时，不食。割不正，不食。不得其酱，不食。"

"不时不食"，就是遵循自然之道，应时令、按季节吃东西，即到什么时候吃什么东西。

如今由于大棚种植和各种药物的使用，果蔬经常乱了时序上市，当西红柿没有活泼的沙甜，当黄瓜少了清冽的气味，当白菜少了霜打之后的微甜，你才会意识到：到底还是不一样的呀！

二十四节气是大自然的语言，不仅跟养生有关，也跟我们每个人的生活态度有关，是天人合一观念的最美呈现。

二十四节气，是一本行动指南，每一个节气的到来，都意味着天地之气的转换，比如春芽、夏瓜、秋果、冬根。所以，每个节气都是一个养生的节点，把握时间的节气，跟着节气吃，遵循大自然的节奏，应时而食，也许就是最好的"吸收天地之气"的方法吧。

这本书根据每个节气的养生重点，随着节气来调整日常生活和饮食，以自然、健康、简单的形式，搭配相应的饮方和食方，达到事半功倍的养生效果。

这便是编写此书的初衷。

目录

「春生」

「夏长」

「秋收」

「冬藏」

春生

立春

雨水

惊蛰

春分

清明

谷雨

立春，正月节。立，建始也。五行之气往者过来者续于此，而春木之气始至，故谓之立也。立夏、秋、冬同。东风解冻。冻结于冬，遇春风而解散，不曰春而曰东者，《吕氏春秋》曰：东方属木，木，火母也。然气温，故解冻。

——《月令七十二候集解》

立春

东风解冻

春天到底是来了。

从立春的"立"字来看，好像立春只是一个立意，本质还冷。天虽尚寒，心已向暖。

立春，在古代叫春节。你若对峨冠博带的古人说"春节"，他会认为你说的是"立春"。

古籍中早有"春节"，本是因立春而衍生出的节日，全名叫立春节。自周代起，官方就会在立春日举办迎春活动。汉武帝于太初元年（前104），以农历正月为岁首，春节的日期才固定下来。

辛亥革命以后，民国政府将"元旦"之名由阴历正月初一"转让"给了阳历1月1日，将春节改到了阴历正月初一，立春被"降级"，虽仍为二十四节气之一，但不再是节日。

立春日，民间有"咬春"的习俗，唐《四时宝镜》记载："立春，食芦、春饼、生菜，号'菜盘'。"杜甫在《立春》中写道：春日春盘细生菜，忽忆两京梅发时。"春日春盘细生菜"这句诗，说尽了春天细细的菜叶、碧青的颜色和鲜活的生机，可见早在唐代人们已经开始吃春盘、春饼了。

时至今日，我家仍保留着立春喝椒柏酒的习俗。我家椒柏酒的做法一直沿用母亲留给我的方子，操作很简单：将川花椒35粒和侧柏叶7克捣碎，置容器中，加入白酒500毫升，密封浸泡一周后，过滤去渣，即可。

所谓椒柏酒，说白了就是用花椒和侧柏叶泡制的药酒。此酒在东汉崔寔的《四民月令·正月》中已经出现："各上椒酒于其家长"。热播剧《芈月传》中也出现了椒柏酒：王后在元日（正月初一）设宴，给后宫各位妃嫔赐椒柏酒。饮椒柏酒可杀菌驱寒，带有健康长寿的祝愿。

| 避"太岁" |

立春要"躲春"，你的所有困惑，都可以在这里得到解答。

"躲春"，是不是听起来感觉好迷信？有人认为是无稽之谈，有人却奉若神明。

古人觉得立春日是一年伊始，年运交接，也是一年中气场最混乱动荡的时候。新的气场容易对一些体弱、敏感、心神不宁的人造成不利的影响，因此，立春"躲春"的习俗就出现了。太岁源于道教信仰，属于星辰崇拜。古圣先贤，仰观天文，发现了宇宙的磁场规律，配以十天干、十二地支，创造了中医学和各种命理学。而避太岁的说法，来自民间，相传太岁是大名鼎鼎的凶神，古代的一些著作也有太岁主凶的记载。

至今，很多地方仍流行"躲春"。每到立春之时，人体内的血清素持续升高，导致人情绪焦躁，所以，这一天应该不犯愁，不上火，不做口舌之争，静静地度过两位太岁的交接时刻，因此要躲一躲才好，把难缠的事情留在日后处理，以免影响新一年的气运。

我认为，按传统民俗，立春"躲春"这一习俗其实深得中医养生的精髓，中医认为："肝主情志"，"怒伤肝"，生气、犯愁、上火，以及气候变化影响免疫力，都是立春时节人容易生病的原因。所以"躲"过开春病，给身体开个好头，此说法有其道理。

| 泄"风毒" |

咱们老祖宗留下的《黄帝内经》的《灵枢·岁露论》里有这么一段话："至其立春，阳气大发，腠理开，因立春之日，风从西方来，万民又皆中于虚风，此两邪相搏，经气结代者矣。"

按中医理论，春天是以"风"为主气，乍暖还寒，而又荣生万物。风邪也是致病的首要因素，"风者，百病之长也"。"春伤于风，夏必飧泄"。

《养生论》曰："春三月，每朝梳头一二百下。至夜卧时，用热汤下盐一撮，洗膝下至足，方卧，以泄风毒脚气，勿令壅塞。"

初春祛风术：

方子一：早晨梳头一二百下。立春时干梳头，可以赞阳出滞，使五脏之气终岁流通，谓之神仙洗头法。

方子二：晚上睡前泡脚的热水里加一撮盐，可以化解瘀堵，让风邪绕道而行。

水果春卷

春卷是传统节日食品，流行于中国各地，江南等地尤盛。宋代名臣蔡襄曾留下"春盘食菜思三九"的诗句，盛赞春卷的美味。水果春卷，以水果为馅料，皮薄酥脆、馅心果香清新，别具风味。

【食材】

猕猴桃————————————1 个

苹果——————————————1 个

草莓——————————————8 个

春卷皮——————————————10 张

【调料】

白糖——————————————30 克

【做法】

1. 准备好春卷皮。

2. 猕猴桃、苹果去皮，切丁；草莓洗净，切丁，一起放入碗中。放入白糖腌制 15 分钟，沥出汁水。

3. 取一张春卷皮，放上水果丁。

4. 上下两边对折包住水果丁，再折进去压紧。

5. 锅中放油，七成热油，下春卷炸至微金黄色即可。

厨房小语　　1. 水果可依自己的喜好搭配，切记要沥干腌出的水分。

　　　　　　2. 春卷皮超市冷冻专柜有售，也可去网上购买。

2018年的春节来得比较晚。

立春的次候，正好是腊月的最后几天，过年到底是个大节日，家家都做东西吃，到处都是油炸的香气，仿佛能听到藕盒在油里吱吱地响。

母亲已过世多年，但我依然记得立春日母亲会插个春盘，说一句："插个春盘来过年。"

母亲插的春盘，是要与家谱摆在一起的。我小时候不是很理解，随着成长渐渐地发现，再小的事情，只要带着仪式感去做，总能保持一分敬畏感。

《礼记》中有："礼义之始，在于正容体、齐颜色、顺辞令。"借仪式感，让生活庄重一些，色彩丰富一些，也让日常生活有一些不同的体验。

取蔬菜、瓜果、饼糖等放盘中为春盘，也可将多盘拼在一起，拼盘里主要有：果品、蔬菜、糖果、饵，馈送亲友或自食，取迎春之意。

| 五辛盘 |

生吃葱和蒜的美妙，南方人永远不懂。

明代医学家李时珍，在《本草纲目》中有五辛菜的记载："五辛菜，乃元日立春，以葱、蒜、韭、蓼蒿、芥辛嫩之菜，杂和食之，取迎新之义，谓之五辛盘。"

初春，是葱、蒜、韭最为嫩香、好吃之时。

葱有大小之分，北方以大葱为主，以山东葱为代表，粗壮，葱白辛香浓郁，有近1米高；南方以小葱为主，又叫香葱。南方香葱与北方大葱相比，简直就是"蒜苗"，最多只能用来炝锅，与大葱相比，实在不是一个段位。

说起来，葱、酱、饼简直就是天生绝配，有葱丝打底的北京烤鸭自不必说，葱丝配京酱肉丝也是个不错的选择。遇到对的葱并不比遇到对的人更容易，只要对了，几乎没有不好吃的可能，卷上合菜和酱肘子的春饼，也是北方人的乡愁寄托。

与葱一样，蒜也有大小之分。小蒜，是中国原生蒜，根茎小而瓣少，苗如葱针，根白。汉时张骞得胡蒜于西域，辛而带甘，即为今日之大蒜。

立春时节新韭鲜嫩尤佳，韭菜生食辛辣，烹熟后滋味柔和。《随园食单》里有"韭"适与鲜味搭的说法，"专取韭白，加虾米炒之便佳。或用鲜虾亦可，蚬亦可，肉亦可"。

香菜、韭菜、绿豆芽、豌豆苗、山药、菠菜、蜂蜜等，立春正当时，特别是韭菜最是鲜嫩可口，有"春季第一菜"的美誉。葱可升阳散寒，杀菌防病。中医认为香菜能健胃消食，对春季因肝气旺而影响到脾胃消化的人有帮助。

食五辛不只是为驱寒，更应看到它背后蕴藏的是什么。"辛"同音"新"，吃五辛盘意味着一个新的开始，更符合中国传统的阴阳学说。立春之后，阴消阳长，食用辛味食物，有助于运行气血、发散邪气，调和身体里的阴阳之气，以保健康无虞。

春饼

哎哟喂，饺子皮还有这副面孔呢?

春饼，是由五辛盘演变而来的，"调羹汤饼佐春色，春到人间一卷之。二十四番风信过，纵教能画也非时。"

用春天的新鲜芽菜，如韭菜、蒜苗、豆芽等，包裹在薄如蝉翼的春饼皮里，且一定要卷成筒状，从头吃到尾，寓意新的一年有头有尾，善始善终。

吃完春饼，过了立春，新的一年的二十四节气就正式开始了。

节气厨房

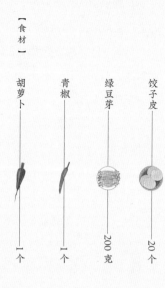

【食材】

胡萝卜 ——— 1个

青椒 ——— 1个

绿豆芽 ——— 200克

饺子皮 ——— 20个

【调料】

食用油 ——— 适量

盐 ——— 2克

1. 用小刷子在每个饺子皮上刷薄薄的一层油。每一张都要刷一层油，一张张摆在一起，摆好后侧面周边一圈也刷一层薄油（第一次做可以少放几个）。

2. 用擀面杖在中间先压几下固定住。由中间向四周擀开，擀至直径20厘米左右即可。

3. 水开上锅，蒸10分钟左右。甜面酱、白砂糖、蚝油放入碗中搅拌均匀，一起放入锅里蒸10分钟，出锅后调入香油。

4. 出锅后稍晾一下，一张张地揭开，瞧，是不是非常薄。

5. 绿豆芽洗净，青椒、胡萝卜洗净后切丝。

6. 锅中放油，下绿豆芽、青椒、胡萝卜炒熟，调味出锅，用春饼卷好食用。

厨房小语　　用超市里卖的饺子皮即可，一次可多做些，吃不完的冻在冰箱里，下次吃的时候重新加热。

路过花市，买了两盆水培水仙，球茎处压了几块漂亮的卵石，花根被埋在石头下，碧绿的叶子，花茎颜色要稍微深一点。

2月16日，恰好是农历正月初一，这天真的是与众不同。古人称农历正月初一为"岁朝"，一岁之朝，是日案头必定要有花果，称作"岁朝清供"，意在祈福，愿吉祥，愿如意。

岁寒清供，江南人家最常见的就是摆一盆水仙花，或者插上一枝遒劲的蜡梅，放在案头。水仙花期恰逢春节，一丛绿叶，三两枝鲜花，可算是清供的古风遗存了。

汪曾祺的《岁朝清供》中，有一番令人悠然神往的对"岁朝清供"的"定义"："这样鲜艳的繁花，很难说是'清供'了。曾见一幅旧画：一间茅屋，一个老者手捧一个瓦罐，内插梅花一枝，正要放到案上，题目：'山家除夕无他事，插了梅花便过年。'这才真是'岁朝清供'。"

正月正，三阳开泰。泰，小往大来，吉亨，是一年一度的吉祥亨通之日。

《易经》以十一月为复卦，一阳生于下；十二月为临卦，二阳生于下；正月为泰卦，三阳生于下。指冬去春来，阴消阳长。

让你的身心"三阳开泰"的三个小方法：

动则升阳：华佗曾对弟子吴普说，"动摇则谷气得消，血脉流通，病不得生"。

暖能升阳：《太上感应篇》提倡"慈心于物"，前贤说性情清冷的人，受福必薄，由此乃知慈心正是胸头暖气。

喜则升阳：只生欢喜不生愁的人，在古代就被称为神仙。

| 避"桃花" |

立春易走"桃花"运？是你想多了。

很多人每逢气候转换，尤其是忽冷忽热的初春，就会发生皮肤过敏，脸上冒出一些淡红色圆形小斑，痒痒的，还有点脱皮。

由于这种过敏常发生在春暖花开的季节，故常被称为"桃花癣"，让你在社交场合丢"面子"。

染上桃花癣别怪桃花。人们常以为桃花癣一定与花粉过敏有关，其实不然，而是与春季风大，户外活动增加，风吹日晒过多有关。

一旦惹上桃花癣，三餐要适当补充维生素。此时要忌口，忌食发物，如虾、蟹等海鲜，否则旧病极易复发。

外敷法：黄芩、黄柏煮水，放冰箱里冷藏 30 分钟，然后用纱布蘸药液敷脸 15 分钟左右，注意敷完 4 小时内面部不要接触热水。黄芩、黄柏具有清热、燥湿、消炎之功效，冷敷有助于缓解皮肤瘙痒。但此法过敏体质者慎用。日常可用金银花、野菊花等泡茶喝，也能起到清除湿热的作用。

| 宜增甘 |

中医所说的"增甘"，其中的"甘"不等于"甜"。

唐代药王孙思邈说："春日宜省酸，增甘，以养脾气。"

春季阳气初生、肝气旺盛之时，要清除郁热，应多食用新鲜的黄绿色蔬菜；忌辣，少吃麻辣火锅，也应少吃羊肉、烧烤、油炸食品等。

此时不宜食酸收之味，因为酸味入肝，具收敛之性，不利于阳气生发和肝气疏泄，所以饮食宜减酸益甘，可用甘味食物养脾气。

很多人把甘味误认为是甜，其实这是错误的。中医将食物大致分为五类：酸、苦、甘、辛和咸。甘味，是指食物具有滋补、和中的功效，可以益气生津、健脾和胃。

甘味食物有淮山、糯米、小米、扁豆、百合、莲藕、黄豆、菠菜、胡萝卜、芋头、南瓜等，大家可以根据个人体质、饮食习惯，选择食疗食补方案，但不宜过量进补。

立春汤

一碗五指毛桃立春汤，拉你进入春天气象，立春养肝，轻身通神汤。饮用五指毛桃汤，可清肝降火，健脾开胃，补肝益肾。

五指毛桃煲鸡汤是传统、经典的广东老火汤之一。自古以来，客家人集草木之粹，顺应自然，有煲保健汤饮用的习惯。五指毛桃被称为广东人参，是民间流传甚广的老火汤料。

立春汤，带着淡淡的椰子清香味，且加了有化气祛滞功效的陈皮，使汤味更香醇、清润，是一家老少皆宜的立春养生保健汤。

【食材】

螺片	50克
五指毛桃	30克
淮山	20克
桂圆肉	20克
乌鸡	1只

【调料】

黄芪	18克
陈皮	3克
蜜枣	3枚
盐	适量

【做法】

1. 螺片用清水浸软。

2. 其他药材洗净。

3. 乌鸡洗净，斩块，冷水下锅焯水。

4. 砂锅中加适量清水，放入乌鸡、螺片和其他药材。

5. 武火煮开，转文火煲三小时，以盐调味即可。

厨房小语　　水一次放足，切忌中途加水。汤如果一次喝不完，可放入冰箱保存。

雨水，正月中。天一生水，春始属木，然生木者，必水也，故立春后继之雨水。且东风既解冻，则散而为雨水矣。

雨水

土脉润起

夜深了，隔窗听雨，断断续续，犹如断简残编。

听了一夜雨，无眠。

翻开日历，恰是雨水节气，这两个字真够形象的。这两个字，《说文解字》中有解释，雨曰水，从云下也。从字形中，似乎让人看到雨从天而降的景象，感受到湿漉漉的雨丝迎面而来，浑身上下挂满了水珠。

不知不觉，二月已经过多半，而雨水一到，江南二月春多在蒙蒙细雨中，终未能越过古人的门槛，譬如"小楼一夜听春雨，深巷明朝卖杏花"，譬如"随风潜入夜，润物细无声"。

看简·奥斯丁小说，描写女主人公走在草地上，长裙曳地沾着泥草，却不觉得不洁净，却给人土地松化、生机勃发时脉动的印象。

每年的第一波雨水都格外珍贵，那是因为"天道起于北极，故天一生水"。离真正的春天，又近了那么一小步，心里枯了萎了的事物渐渐醒来。

此时，便想起《红楼梦》里宝钗所服的冷香丸，这个药方的刁钻之处，在于药引子选用特别严格，必须是"雨水"这一天的雨水十二钱，和其他三季之物一并制成。

"雨水"这日的雨水，总是可遇而不可求的，但薛宝钗竟然"一二年间可巧就有了"，看似虽然玄妙，但从李时珍在《本草纲目》的药集解项中所说："一年二十四节气，一节主半月，水之气味，随之变迁，此乃天地之气候相感。"取节气水入药的做法由来已久，实则是传统中医的重要观点。

| 雨水"发陈" |

《黄帝内经·素问·四气调神大论》："春三月，此谓发陈。"

发于哪儿呢？"发于陈"。

春天，气是往上走的，退除冬蓄之故旧。它让新芽从枯黄的旧枝上长出来，让一切陈旧的东西再次焕发生机，所以叫发陈。

中医有个方子叫"二陈汤"，用到的两味药均是"以陈为良"，一是半夏，一是陈皮。

陈皮就是将橘子皮去除杂质，喷水润透，切丝、干燥而成，长久放置储藏，故称陈皮，有一种薄凉的香味儿，能够理气健脾，燥湿化痰，而且越陈药效越好。

雨水养生重在生，我们平时吃的粮食都是种子，春天食用种子发芽而成的食物最佳，因种子中蕴含生机，有助于机体生发。从中医上讲，五谷主生发，"雨水"食用五谷之芽能得春季的天地之精气，与季节合拍。比如：麦子本不疏利，麦芽却透达疏泄水谷，利肝气；谷子本不能行滞，谷芽却能疏土，消米食。黄豆发芽，能升达脾胃之气，用之可补脾。赤小豆发芽，能透达脓血，故张仲景以赤豆当归散排脓。

雨水时节多吃芽菜，顺着春天这个升劲，让肝气升起来。

腌笃鲜

回到厨房里，恭喜春笋荣登早春时令蔬菜的 C 位。

腌笃鲜本为江浙地方菜，腌指咸肉，笃是小火炖的方言，鲜则是指春笋。腌笃鲜被称为春鲜第一味，是春日恩物，既有冬的况味，又有春的生发。

清代画家金农的《春笋图》题曰："衣打春雷第一声，满山新笋玉棱棱；买来配煮花猪肉，不问厨娘问老僧。"

这说的就是腌笃鲜吧？各位若要煮一碗，不必问老僧，照我的方法做做，看看行不行！

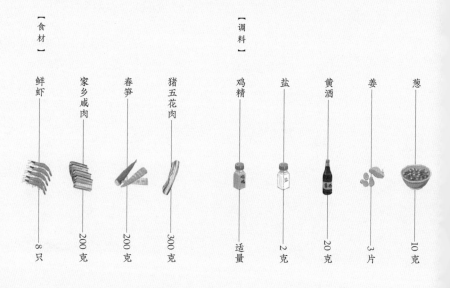

【食材】

鲜虾　8 只

家乡咸肉　200 克

春笋　200 克

猪五花肉　300 克

【调料】

鸡精　适量

盐　2 克

黄酒　20 克

姜　3 片

葱　10 克

1. 春笋去皮，切块；猪五花肉
洗净，切块；咸肉洗净，切片。

2. 锅中放入清水，焯笋块。

3. 锅中另加入清水，焯猪肉、
咸肉。

4. 砂锅内加清水、猪肉块、咸
肉块，大火烧开，再加黄酒、
葱、姜。改用中火慢慢焖到肉
半熟，再加入竹笋块、虾，煮
至熟透，调味即可出锅。

厨房小语　　　1. 鲜笋中含有草酸，所以做之前应先用沸水焯过，去除其中的草酸和涩味。
　　　　　　　　2. 咸肉有咸味，盐要酌量放。

鸿雁归来

雨水，恐怕是中国味最浓的节气了。

相传每年正月初九为玉帝诞辰，民间常常有热闹的庙会。旧时北京过年，逛庙会为主要的习俗。如今的庙会，娱乐、购物、品尝小吃，以及民间传统节目样样俱全。逛了一圈，买了艾窝窝。经典的庙会小吃，将味道延续，故事和记忆就会一直存在。

2018年2月的最后一天，眼前飘着细细密密的春雪。外婆说过，三月还有桃花雪，四月还有李子霜，那是桃花雪。

桃花雪，真好听。

早晨，一个平凡得无话可说的春日清晨。

天气濡湿，我照例将燕麦片倒入奶锅中，放到灶火上加热，再放两片全麦吐司进烤箱，趁这空当，想着是不是要做罐罐肉。

古人在雨水时节，会让出嫁的女儿回家看望父母，送母亲一段红绸，炖一罐红烧肉，是女儿们尽孝的节日，没想到罐罐肉渐渐流传开来，一不小心肉香就飘满巷子，成为一道流行的时节美味。

罐罐肉，是猪骻肉加上甘蔗、红枣、桂圆、枸杞等配料，用瓦罐细火慢煨，炖得烂烂的，香甜滋补，饱含了对老人的一片孝心。

| 避湿寒 |

为什么？为什么？你吃它们，有想过为什么吗？

雨水节气，地湿之气渐升，湿气里夹杂着春寒，北方的阴气未尽，虽然不像寒冬腊月那样冰冷刺骨，但阴冷的寒凉还在。此时，人体的毛孔开始打开，对风寒之邪的抵抗力有所减弱，易感风邪而生病，要慎重减衣，避免去湿气浓重的地方游玩。

之前，祛湿的方子试了又试，可总是觉得不够，一直没找到一个简单、不伤元气的方子。后来，我有幸拜会一位知名老中医，他说，喝薏米水吧。我心想，就这么简单，尽人皆知的啊。

其实，并不是简单的喝薏米水，而是需要把薏米炒至表皮略焦黄，每晚睡前取 15 克，加入 200~300 毫升的沸水，浸泡一晚，第二天起来空腹喝下，很适合现在的时节，最长可以喝到立冬之日。

中药药材的炮制方法是非常讲究的。薏米未炒之前，性偏凉，经常煮喝容易伤身体元气，炒后性平甚至偏微温，有利于肠胃的吸收，且健脾的作用比生薏米强，还可以治疗脾虚引起的腹泻，即使只是简单地泡水喝，也能释放出所有的能量。

以上是薏米水的单方，下面介绍一个雨水节气祛湿排寒的终极方：炒薏米姜茶。

食材如下：红薏米、芡实、麦子、蜜枣、生姜。

炒薏米方法：红薏米用清水快速漂洗干净，摊开晾干后倒入无油的炒锅，小火，慢慢翻炒至表皮微微焦黄，有明显的焦香味出来。

芡实在明代《景岳全书》中有炒法记载，现在主要的炮制方法有清炒、麸炒等。在家清炒，将芡实洗净放入锅中，翻炒至微黄即可，炒后性偏温，补脾和固涩作用增强，适用于脾虚之证和虚多实少者。

炒薏米姜茶：取适量红薏米、芡实、麦子、蜜枣、生姜，放入锅中，加清水，大火煮开后，小火煮 40 分钟左右即可。

芦蒿炒北极虾

正月芦，二月蒿，三月四月当柴烧。

雨水时节正是芦蒿最美味的季节。芦蒿又名蒌蒿、香艾、水艾，古人称芦蒿为春蔬之上品。芦蒿生长于长江中下游的湖泽江畔，是江浙地区百姓春季餐桌上的"常客"。

宋代苏轼在《惠崇春江晚景》中有："蒌蒿满地芦芽短，正是河豚欲上时。"这里的蒌蒿就是芦蒿。诗人将芦蒿与河豚相媲美，将芦蒿推上了春蔬上品的宝座。

【食材】

芦 蒿————————300克

北极虾————————100克

【调料】

盐————————————2克

蒜末————————————8克

【做法】

1. 芦蒿洗净，掐头去叶，根部较老部分去除，切成段；北极虾去皮。

2. 锅内热油，下蒜末炒香，放入芦蒿快速翻炒至色泽成翠绿。

3. 放入北极虾、盐。

4. 炒匀出锅即可。

我喜欢民间的东西，民间的节日，有烟火味，往往都接着地气儿。

转眼间就到了元宵节。雨水正月中，上灯圆子落灯面。

正月十三是"上灯日"，这天吃圆子，也就是汤圆，圆子代表团圆；正月十八是"落灯日"，这天吃面，取面条"长"之意。

"上灯圆子落灯面"的习俗，《仪徵岁时记》有记载："（正月）十八落灯，人家啖面，俗谓上灯圆子落灯面，各家自为宴志庆。"落灯时吃面条寓意喜庆绵绵不断，有健康长寿之意。

流行于北方地区有一种元宵节面食：面灯，也叫面盏、棉花灯，是用面粉做的各种形式的灯盏，用食用油做燃料，多用谷物秸秆缠上棉花做灯芯，故称棉花灯。传说元宵节的灯光是吉祥之光，能驱妖辟邪祛病。

记得以前家里都是外婆来做面灯，在这一天要捏 12 个碗状的面灯，对应着一年的 12 个月，如果是闰年，还要多加一盏灯。

天渐渐地黑了，面灯悠悠地燃起来，孩儿们人手一只，端着出去闹元宵，油尽而食。

| 八虚排毒 |

雨水期间，借大自然"发陈"之时，人体新陈代谢旺盛之机，拍打"八虚"，拍出人体毒素，拍出邪气病气，通过打通经筋来调养人的气血，以达到养生保健的效果。

"八虚"其实就是人体的八个关节，即两肘、两腋、两髀、两腘。《黄帝内经》曰："人有八虚，肺心有邪，其气留于两肘；肝有邪，其气流于两腋；脾有邪，其气留于两髀；肾有邪，其气留于两腘。"

拍两肘窝：拍散心肺的邪气病气。肘窝部位，刚好是心经、心包经、肺经三条阴经通过的地方，还藏着两个穴位：肺经的尺泽穴和心包经的曲泽穴。

拍两腋：能防治肝病、心脏病。两腋主要走四条经脉：肺经、心包经、胆经和心经。

拍两髀：两髀就是大腿内侧与小腹交接处的腹股沟部位。拍打两髀不仅能加速气血运行、健脾胃，对防治妇科病也非常有效。

拍两腘：就是拍膝盖窝处，可以防治腰背疼，排毒清血管。

拍打的方法，以一手半扣状拍打，由轻至重，每处每次拍81下。选择体位的原则是人处于舒适的状态下拍打，一般均采用站位。拍打的时间以3~5分钟为宜，如果有出痧且没有消散，暂不拍打，不要带痧拍打。

拍打前后饮温水一杯，可适当补充消耗的水分，加快代谢物的排出。拍打时应避风，拍打后洗浴要在3小时后，要用热水，以免风寒之邪通过开泄的汗孔进入体内。

香菜鹅蛋羹

雨水来临，潮气上升，湿气重，心脾胃容易受伤害。早春吃香菜，可醒脾，这个"醒"字，古人用得很妙。香菜可以说是一个开关，可激活脾的功能，以升心胸的阳气。

香菜蒸蛋羹，鹅蛋偏油性，香菜能解油腻、助消化。鹅蛋补气，香菜通气，这样就补而不滞了，消化功能不强的人也可以吃。

【食材】

鹅蛋————————————2 个

【调料】

盐——————————————2 克

香菜——————————————2 棵

白兰地酒——————————6 克

生抽————————————适量

香油————————————适量

【做法】

1. 香菜洗净切末。

2. 将鹅蛋打入碗中，加盐，再按 1 : 1 的比例加入凉开水。

3. 打成蛋液，加白兰地酒，搅拌均匀。

4. 过滤蛋液到蒸碗中。

5. 旺火烧水，水开后放入蒸碗，蒸熟大约需要 10 分钟。

6. 然后改用小火，加上香菜末蒸几分钟。出锅后，淋点生抽、香油就可以吃了。

厨房小语　　1. 没有白兰地酒，可用料酒代替，因鹅蛋腥味较重。

　　　　　　2. 加凉开水，蒸出鹅蛋会更嫩滑。

惊蛰，二月节。……万物出乎震，震为雷，故曰惊蛰，是蛰虫惊而出走矣。

——《月令七十二候集解》

惊蛰

桃始华

初候 3月5~10日

二十四节气中，最喜欢惊蛰。

这个"惊"字，用得真好，万物湿润，蛰虫惊而出走，有惊天动地的大美。

惊蛰原为"启蛰"。中国最早的一部传统农事历书《夏小正》曰："正月启蛰，言始发蛰也。"汉景帝的讳为"启"，为了避讳而将"启"改为意思相近的"惊"字，并将惊蛰挪至雨水节气后，才形成了今天的顺序。

日本的二十四节气，也采用了唐代的《大衍历》与《宣明历》。"启蛰"一词在日本的使用始于贞享改历的时候，沿用至今。

惊蛰春醒，桃始华。本来那个周六跟朋友约好去万亩桃园，结果被一场春雨阻了行脚。到底不甘心，于是另抽空去了桃园。

2018年开年，"四海八荒"之内最火的桃花，非电视剧《三生三世十里桃花》莫属。自古以来，"桃者，五木之精也，故压伏邪气者也"，桃林桃花总是带着那么点神仙气息。

若说到桃花可食，《神农本草经》载，桃花具有"令人好颜色"之功效。清代孔尚任的《桃花扇·寄扇》中有这样的唱词："三月三刘郎到了，携手儿下妆楼，桃花粥吃个饱。"

桃花具有活血悦肤、泻下利尿、化瘀止痛等功效。史传杨贵妃就曾泡饮桃花茶，不但能减肥，而且能使脸色白里透红。但桃花性寒，经期不能喝，也不宜久服，否则会耗人阴血，损元气。

| 顺肝润燥 |

世间水果千千万，为何要挑这一个？

梨，唯一在二十四节气中占一席之地的水果。古人称梨为"果宗"，即"百果之宗"。

惊蛰之时，民间有吃梨的习俗。吃梨，有顺肝润燥之效，"梨"还谐音"离"，据说惊蛰吃梨可让虫害远离庄稼，可保全年的好收成。

古人吃梨，其实并不是单纯图它汁多味美，而更注重梨润肺降火的效果。《本草纲目》中说梨可"润肺凉心，清痰降火，解疮毒酒毒"。

在唐朝，梨是要蒸着吃的。贯休的《田家作》写道："田家老翁无可作，昼甑蒸梨香漠漠。"说的就是唐朝老翁白天闲着没事，会在家蒸个梨吃。

惊蛰时节，天气明显变暖、干燥，这时人很容易口干舌燥、外感咳嗽。而梨有"生者清六腑之热，熟者滋五脏之阴"的效果，所以特别适合这个季节食用。

印象里冰糖和雪梨更相配，配以其他辅料还对治疗咳嗽有奇效。

1.风寒咳嗽：花椒蒸梨

若是患了风寒感冒，进行食疗应该以辛温解表为主。

做法：梨1个，洗净，靠柄部横断切成两半，挖去梨核，放入20颗花椒，2粒冰糖，再把梨对拼好放入碗中，上锅蒸30分钟左右即可，根据个人食量，一次吃不完可分两次吃完。

2.风热咳嗽：川贝蒸梨

若为风热感冒，则应用辛凉解表之法。

做法：梨1个，洗净，靠柄部横断切成两半，挖去梨核，取5~6粒川贝敲碎成末放入梨中，再放入2~3粒冰糖，把梨对拼好放入碗里，上锅蒸30分钟左右即可。

折耳根雪梨汤

折耳根，今天请它出来，是为你在冬天的放肆还债的。

你是否在冬天寒凉浸体时没有来得及调理，是否吃多了辛辣、肥厚、油腻的食物，是否冬天经常熬夜、疲劳伤神，那些郁积在身体里的"小火"，在春天生发的时候，相火不藏，就会容易上火、发热、感冒。

折耳根清热降火，雪梨亦有不错的凉润之效，有着汤水淡淡的甘甜，而自然奇妙的一点在于，此季生此物，此物又恰是此季人体调理的良品。

【食材】

折耳根————————————————50 克

雪梨————————————————1 个

【做法】

1. 雪梨去皮、去核，切块；折耳根洗净，切段。

2. 放入锅中，煮 15 分钟即可。

仓庚鸣

有时幸福也是可以不要钱的。

惊蛰次候仓庚鸣。何为仓庚？黄鹂也。《诗经·七月》曰："春日载阳，有鸣仓庚。"仓庚，最早感知春意的灵物。

小野菜带着浑身鲜嫩扑鼻的野气，铺陈出最清新的自然之味。人间的野花不要钱，地里长出的野菜不要钱，这种小确幸也是可以不要钱的。

如果春天可以去野地里薅野菜，最先想到的是荠菜，这才是春天该有的样子。荠菜的味道很特别，那是我心目中真正的野味。

南方的朋友说，好想吃荠菜，广州没有荠菜。对我来说，没有荠菜就像是没有春天。

荠菜，在初春它才是菜，等到暮春山花烂漫时，它就是野草而不是野菜了。

《本草纲目》中记载荠菜："明目。补五脏不足，治腹胀，去风毒邪气，久服视物鲜明。"

荠菜就像甘草，是菜中的甘草，有调和药性的作用。它平和，不偏寒，也不偏热，能祛火但不伤身，能祛寒但不会上火。

无论你是寒热不均引起的春日不适，还是冬天的寒气郁结变成了"火"，都好好吃一顿荠菜羹吧。

东坡先生的《菜羹赋》："东坡先生卜居南山之下，服食器用，称家之有无。水陆之味，贫不能致，煮蔓菁、芦菔、苦荠而食之。其法不用醯酱，而有自然之味。"这种灶台之趣，古时东坡居士也很受用。

惊蛰时节，繁花似锦，很多春天花粉过敏、易上火的朋友让我推荐吃什么好，考虑再三，能让我安心拿得出手的，也就是荠菜了。

| 避风如避剑 |

避风如避剑，这是一句老话。

　　惊蛰时节，风为这一节气的主气，此时风邪最猖狂，应注意保暖，避风邪。

　　《黄帝内经》曰："风者，百病之长也。"春季多风，伤人会从表皮、肌肤、经脉、骨骼渗透到五脏六腑，故而古人提出了"避风如避剑"的养生观点。

　　而古人所讲的"避风如避剑"之"风"，是指超离自然现象中正常之风的"虚邪贼虐"之风，因此，要当心风的入侵部位，从后脑到背，大致就是围巾搭在后背遮住的几个穴位，所以一定不要将这些部位暴露在外。女性在春天洗头后，用电吹风把头发吹干，可顺便吹吹后脖颈，不让水带着湿气从这几个地方进入。春季早晨还是有一些寒凉，出门前可喝一杯红糖姜茶，以预防感冒。

椒油拌韭芽

"正月葱，二月韭"，韭菜自古就享有"春菜第一美味"的美称，每年农历二月是吃韭菜最佳的时节。

韭菜看似平常，但在民间被称为"洗肠草"。韭菜有散瘀、活血、解毒的功效，还有促进肠道蠕动的作用。

初春的韭菜茎叶最为肥嫩多汁，其味辛香微甜，搭配绿豆芽，白绿相间，清爽可口，是一种旧时最喜欢的味道，可以恬淡中品味悠长的意蕴，真切感受人间烟火的气息。

【食材】

韭菜—————————150 克

豆芽—————————200 克

【调料】

小米椒—————————2 个

花椒—————————10 粒

盐—————————3 克

糖—————————6 克

生抽—————————10 克

香油—————————适量

【做法】

1. 豆芽洗净。

2. 韭菜洗净切段。

3. 小米椒切片。

4. 韭菜放入锅中热水里，烫一下捞出，时间不能过长。

5. 豆芽焯熟，捞出。

6. 将韭菜、豆芽菜、辣椒片放入熟食碗中，加入盐、糖、生抽、香油。

7. 锅中放油，下花椒炸香，倒入菜中，拌匀即可。

厨房小语　　　韭菜烫一下捞出，时间不能过长。

虫虫消消乐的民间大联欢。

在中国，惊蛰末候叫"鹰化为鸠"，意思是鹰变化成鸠，但鹰和鸠是截然不同的鸟，怎么可能随意变化呢？这是古代人对事物观察的错误造成的。

而日本的惊蛰节气，依然沿用了中国古代的叫法"启蛰"。它的第三候，也就是末候时会有"菜虫化蝶"，倒是我们司空见惯的。

小时候洗菜，遇到的菜虫不少，现在多施农药，很少见菜虫。菜虫可化蝶的，最常见的是爱吃白菜和甘蓝的菜青虫，变成蝴蝶后也没有什么好称道的。

农历二月二是"龙抬头"的日子，这一日食饼谓之吃龙鳞饼，食面谓之吃龙须面。龙抬头这一天进行驱虫活动，民间各地均有不同的除虫仪式。

在古人看来，惊蛰雷动，百虫"惊而出走"，从泥土、洞穴中出来，各种昆虫（包括毒虫）苏醒，开始频繁活动。为了避免毒虫的伤害，人们举行一些含有驱虫意味的活动。

在山东，二月二，家家户户炒燎豆，黄豆在铁锅里爆炒，噼里啪啦地响，寓意虫子在锅里饱受煎熬蹦蹦跳跳。

不论东西南北，或熏或炒，取的皆是炒虫、驱虫之意，这些习俗寄托了人们最朴素的愿望：灭虫除害，企盼家人健康和庄稼丰收。

|回南天|

北方妹子听到回南天：啥，什么回南天？谁回南天？

回南天，是对南方一种天气现象的称呼，是指每年春天3~4月间，气温开始回暖、湿度开始回升的现象。

有关回南天，恐怕每个南方小伙伴都能写出本《一千零一夜》来。一到回南天，无所不在的湿气弥漫在周围，几乎抓一把空气就能拧出水来。甚至有网友调侃道：在广东，不止眼前的苟且，

菜虫化蝶

末候 3月16~20日

还有"湿"和远方。

回南天，除了衣服晾不干让人难受之外，重要的是人体容易受到湿气这个"小妖精"的侵害，抵抗力再好的"小仙女"，皮肤也容易过敏、长痘痘，甚至生湿疹，等等。老人还容易产生骨蒸潮热、乏力倦懒、腹胀便溏等，这都是北方人不能领略的痛。

中医上讲，湿为阴邪，故而回南天祛湿是重中之重。真正的祛湿，必须要健脾益气，温中理气，才能起到最佳的效果。

扁豆陈皮山药粥，是一种性味平和的健脾化湿粥。白扁豆味甘，性微温，健脾化湿；山药味甘，性平，滋养脾胃，不热不燥，滋而不腻；陈皮有健脾开胃、理气和中的功效。

白扁豆 20 克，山药 15 克，陈皮 3 克，大米 50 克，一同放入锅中，文火熬煮，至食材煮烂即可。

切记：白扁豆要煮熟后才能食用，而且一次的进食量不可过多，寒热病患者（症状如腹胀、腹痛、面色发青、手脚冰凉、畏寒等），不可食用白扁豆。

香芹花生芽

黄豆芽、绿豆芽这些芽菜大家都不陌生吧，花生芽呢？

花生发芽能激活花生中的各种养分，让营养翻倍，尤其发了芽的花生中白藜芦醇含量比普通花生高出 100 多倍。

春季要想舒肝散热，芹菜是首选食材。

画重点：一定要人工发芽的花生才营养健康，而受潮发芽或霉变的花生芽有毒，不能食用！

【食材】

花生芽—————————————300 克

香芹————————————————2 棵

青尖椒—————————————————1 个

红尖椒—————————————————2 个

【调料】

盐——————————————————2 克

生抽—————————————————10 克

香葱末——————————————适量

花椒————————————————几粒

【做法】

1. 新鲜花生芽去除根须、外皮，用清水漂洗干净。

2. 用手把花生芽掐成寸段。

3. 青尖椒、红尖椒和香芹分别切丝。

4. 锅内水烧开后放一小勺盐，把花生芽焯半分钟左右捞出沥干。

5. 锅烧热倒入葵花籽油，放几粒花椒，炸香后捞出丢掉，随后放入香葱末炒香。再下香芹，青、红尖椒丝翻炒。

6. 放入花生芽大火快炒。

7. 调入盐、生抽翻炒均匀即可出锅。

厨房小语　　　花生芽炒的时间不宜过长。

春分，二月中。分者，半也。此当九十日之半，故谓之分。秋同义。夏、冬不言分者，盖天地间二气而已。方氏曰：阳生于子，终于午，至卯而中分，故春为阳中，而仲月之节为春分。正阴阳适中，故昼夜无长短云。

——《月令七十二候集解》

春分

玄鸟至

初候 3月21~25日

春分者，阴阳相半也，故昼夜均而寒暑平。

此时，严寒初遇温暖，残枝萌生嫩芽，雪和雨，都在这时开始，此消彼长，就是这样一个中和温厚的节气。

春分既是节气，也是节日，古代皇家有春祭日、秋祭月的礼制。清代潘荣陛《帝京岁时纪胜》记载："春分祭日，秋分祭月，乃国之大典，士民不得擅祀。"

春分非常有趣的习俗——竖鸡蛋，不仅国人爱玩，而且还"感染"了世界各国民众。

春分时节，除了竖鸡蛋，祖先们还开发出尝春菜、喝春汤、饮春酒的民间传统习俗。

浙江、山西一带自古以来就有饮春酒的习惯，春分日，簪花喝酒田间走，"酒醒只在花前坐，酒醉还来花下眠"。

说说这男人簪花，男人俏起来，女人简直比不了。

簪花之风始于唐朝，当时的唐朝贵族效仿胡人的簪花习俗，将鲜花作为饰物插在头上。簪花习俗真正兴盛，是在1000多年前的宋朝，男子皆以簪花为时尚，尤其是俊俏的少年郎，更是热衷于买来鲜花插在发梢。

《水浒传》里也有对好汉们簪花的描述，病关索杨雄行刑后头戴芙蓉花，小旋风柴进鬓插鲜花入禁院，浪子燕青爱戴四季花，短命二郎阮小五插石榴花，刽子手蔡庆的绰号就是一枝花。

"春分雨脚落声微"，"日月阳阴两均天，玄鸟不辞桃花寒"，正是簪花饮酒时。

| 春行秋令 |

熬过了冬天，却要冻死在春天。

昨夜，寒潮来袭。是春风，却犹如冬风，卷起漫天沙尘。

今年春分，有秋杀之气，就是在播种之时即见肃杀之气，春天里发生了本该在秋天里才有的事，乍暖还寒，出现了好多次倒春寒。

时节那么难熬，来一碗阴阳调和汤吧，别让邪气近身。

今天的这个阴阳调和汤，是暖胃祛寒湿的"四神猪肚汤"，专门护佑中焦脾胃，喝下去感觉腹中暖暖的。"四神"是指薏仁、莲子、芡实和山药这四位"大神"。这几样东西合在一起，互相补遗，再加上猪肚可健脾胃，益心肾，补虚损，食疗效果非常好，而且这个汤料都很常见，非常好买。

冷风冷雨的倒春寒日子里，平补的"四神汤"，能滋补调和五脏，健脾利湿，养心益气，餐桌上有这样一碗热气腾腾的鲜汤，总是能温暖你的心肺，这个汤，大人、小孩、老人都可以喝，没有禁忌。

四神猪肚汤食方：猪肚1个，薏仁20克，莲子20克，芡实20克，山药15克，米酒3汤勺，盐适量。

首先猪肚要清洗干净。买回猪肚，用剪刀将猪肚上面的肥油去除，先在冷水中浸泡约20分钟。翻过猪肚，加一大勺盐，一大勺醋，反复将猪肚揉搓，内外都要搓到，这时会有很多黏液被搓出来，此过程反复三次。然后将猪肚放入清水锅中，加入十几粒花椒，煮沸，捞出，即可用以烹饪菜肴了。

做法：猪肚、药材清洗干净，放入砂锅中，加入清水煮开后，加米酒3汤勺，煲至莲子软烂，调味即可。

猪肚一定要清洗干净，否则会有异味，影响口感。洗猪肚时不宜用碱，因为碱具有较强的腐蚀性。

香椿拌素鸡

你再不吃，我就老了。

香椿，春分时节当令的树上蔬菜，微甜沁心。雨前椿芽嫩如丝，雨后椿芽如木质。一旦过了谷雨，香椿便不复鲜嫩，因此吃香椿一定要趁早。

香椿虽然好吃，但它所含的硝酸盐和亚硝酸盐高于一般蔬菜，所以，香椿的健康吃法是：吃早、吃鲜、焯烫、慢腌。越嫩的香椿，硝酸盐含量越低，因此要挑选质地鲜嫩的，要即买即吃，或者焯水之后冻藏或腌制保存。而要尝香椿的鲜，简单的料理方法最能保住其味。

【食材】

香椿————————150 克

素鸡————————200 克

【调料】

生抽————————10 克

糖—————————5 克

醋—————————20 克

香油————————5 克

红油————————5 克

【做法】

1. 素鸡切丁。

2. 将素鸡放入锅中焯水，捞出沥干。

3. 香椿焯水，变绿后立即捞出，沥干。

4. 素鸡放入大碗中。

5. 香椿切碎，放入大碗中。

6. 调味料放入碗中，拌匀（若是喜欢原汁原味，可只调入盐、香油，倒入素鸡和香椿拌碗中，拌好后腌制 1 个小时左右即可。

厨房小语　　　1. 调料可依自己的喜好搭配。

　　　　　　　2. 若是喜欢原汁原味的，只调入盐、香油即可。

在盎然的春意里，手捧一卷《诗经》，穿梭在清雅、飘逸、超脱世俗的古风中，邂逅窈窕的青衣女子，寻觅野菜春蔬的意趣，品味春日的美好时光。

在江南，枸杞芽儿、艾蒿和马兰头被称为"春野三鲜"。还记得《红楼梦》第六十一回中，柳家的抱怨那些恃宠生娇的小丫鬟不时来大观园小厨房要这要那，忍不住发了几句牢骚，其中赞到宝钗与探春："连前儿三姑娘和宝姑娘偶然商议了要吃个油盐炒枸杞芽儿来，现打发个姐儿拿着五百钱来给我。"枸杞芽儿被称为"天精草"，由宝姑娘春日里吃枸杞芽儿来看，她确实深谙中医养生之理。

常吃面条的你，吃过面条菜吗？春天的面条菜是养阴润肺、清热解毒的好野味。

记得母亲做的炒杂粮野菜，就是用一种叫面条菜的野菜做的，面条菜是和荠菜一样的野菜，多生长在黄河中下游地区，是河南、山东地区的人特别爱吃的一种野菜。初春的麦田和田埂地头，都有着面条菜的身姿。它因叶片细长，形似面条而得名。

陌生的野菜不建议吃。并不是所有野菜都可以吃，不认识、不熟悉的野菜最好不要采，更不要吃，如野胡萝卜、野芹菜、鲜地黄等，这些野菜误采误食，容易中毒，有时后果还很严重。

| 补虚泻实 |

春分、秋分为阴阳二气的中和之日，这两天正好昼夜平分，阴阳各半。阴气和阳气在上升与下降运动中的交会点，古人称之为日出、日入，也就是"二气之交"的卯时和酉时。佛道修行人的早课和晚课，恰恰正是这两段时间。

《黄帝内经·素问·骨空论》："调其阴阳，不足则补，有余则泻。"补虚泻实即补充人体正气和排除有余邪气之意。

春分时节，是草木生长萌芽期，人体血气充足，激素水平也处于相对高峰期，在此节气要寻找身心平衡、阴阳和合，饮食上应保持膳食均衡，避免走进偏热、偏寒、偏升、偏降的饮食误区，以达到阴阳平衡之目的。

小呼吸蕴藏大学问。呼吸的奥秘：补虚泄实的停闭呼吸法。

吸气、呼气之间，或一次呼吸之后停顿片刻再继续的呼吸方式，被称为停闭呼吸。

做法：吸——停——呼，呼——停——吸，吸——停——吸——呼，其中的"停"起到了保持当前状态的作用。一般而言，吸气具有补虚的作用，呼气具有泄实的作用，故吸气之后的"停"则突出了吸气，能增强补虚的作用，适合虚症患者；呼气之后的"停"加强了泄实的作用，适合实症患者。

没有芦笋的春天，是令人绝望的。

三月间的芦笋，清香青翠，许多西餐的前菜都会用到芦笋，并经常和红肉作搭配，如这道芦笋萨拉米肠沙拉。萨拉米香肠是欧洲人喜爱食用的一种腌制肉肠，与芦笋一起食用，不仅有了爽脆的口感，而且清新不油腻。

芦笋萨拉米肠沙拉

【食材】

芦笋————————————200 克

萨拉米香肠————————8 片

小番茄——————————2 个

熟鸡蛋——————————2 个

玉米笋——————————50 克

红酸模叶—————————2 片

【调料】

法式黄芥末酱———————10 克

意大利黑醋———————15 克

橄榄油——————————3 克

蜂蜜———————————5 克

盐————————————2 克

【做法】

1. 沸水加少许油和盐，焯烫芦笋、玉米笋 2 分钟，沥水冷却。

2. 芦笋、玉米笋、小番茄、萨拉米香肠、熟鸡蛋、红酸模叶放入沙拉碗中。

3. 盐、蜂蜜、法式黄芥末酱、意大利黑醋、橄榄油放入调料碗中搅拌。

4. 倒入小瓶中，摇晃至乳化成酱汁。

5. 将酱汁倒入沙拉碗中拌匀。

始见闪电

仙草吃多了，你会"飞升上仙"。

婆婆家屋后有一片桑树，春天的桑葚，那味道有一种说不出来的清甜，相信小伙伴们都喜欢吧。

桑叶你一定见过，也知道它是蚕宝宝的食物。桑叶的味道，或许你一定认为是又苦又涩的，你可知识它是奇妙的蔬菜，是可以吃的？

桑芽菜就是桑叶，但又不是普通的桑叶，是桑枝上最嫩的两片嫩芽，观之就感到清爽。

用以入馔的桑叶，是桑树中的大叶品种。吃桑叶也有季节，每年从春天可以一直吃到秋天，通常以三四月份的味道和口感最妙，正是不时不食的时令食材。此时的桑叶既可凉拌，也可清炒，还可做调料烹饪桑叶蒸鸡、桑叶蒸肉饼、桑叶卷等菜肴，隐隐透着桑叶的清新气息。

桑叶入口甘香，没有苦涩味，细细品味，有恰到好处的纤维质地感，有清气浸润人的肺腑之内，似乎连眼神里也会生出别样的淡远与清亮来。

桑叶有疏散风热、清肺润燥、清肝明目的功效。《本草纲目》记载："桑箕星之精神也，蝉食之称文章，人食之老翁为小童。"

霜降后的桑叶药效最强，秋后经霜打的桑叶民间称为"神仙叶"，《神农本草经》中称桑叶为"神仙草"。

| 以"和"为本 |

吃对了，才养生，才不辜负春光。

古人云："春分者，阴阳相半也。故昼夜均而寒暑平。"也就是说，春分是一年四季中阴阳平衡、昼夜均等、寒温各半的时节。

中医讲究"天人合一"，故春分养生定要顺应此时的节气特点，要讲求"平和"，以和为贵，以平为期。

春分本来应是阴阳平衡之时，人体内阴阳随着节气开始争斗，阳虚之体，阳弱不能与阴平衡，所以容易发生五更泻；另一种是餐后泻，就是完谷不化的腹泻，平时常喝干姜炖鸡汤，可得以缓解。

早在 2000 多年前，孔子说过：不时，不食。不是这个时节的食物不吃。生长成熟符合节气的食物，才能得天地之精气。

春分饮食忌偏热、偏寒、偏升、偏降，时令菜有养阳的韭菜，助长生机的豆芽、莴苣、菠菜、豆苗、蒜苗、芦笋，滋养肝肺的草莓、青梅、杏、李、桑葚、樱桃，等等。

如烹调鱼、虾、蟹等寒性食物时，必佐以葱、姜、酒、醋类温性调料，以防菜肴性寒偏凉食后损脾胃引起腹部不适；又如在食用韭菜、大蒜等助阳类菜肴时，常配以蛋类等滋阴之品，以达到阴阳互补之目的。

芝麻菜青酱意面

春风十里，不如春菜陪你。

芝麻菜又叫火箭生菜，因咀嚼后会散发浓烈的芝麻香味而得名，其实它和芝麻没有一点关系，可人们还是会被这家伙浓郁的芝麻香引诱。

芝麻菜用法相当随意，可以抓几片放沙拉里一起拌；烤好的比萨饼上也可以撒十几片；还可以在早餐三明治里夹几片，堪称绿叶蔬菜里的战斗机。

芝麻菜还可以用来做芝麻青菜酱，一般搭配核桃仁制作，放进密封罐内，吃意面的时候用来拌面，别有一番风味呢！可以吃出清新爽口的春日气息。

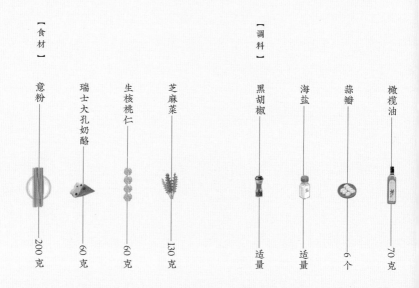

【食材】

意粉 200 克

瑞士大孔奶酪 60 克

生核桃仁 60 克

芝麻菜 130 克

【调料】

黑胡椒 适量

海盐 适量

蒜瓣 6 个

橄榄油 70 克

1. 取蒜瓣 6 个和生核桃仁，平铺在烤盘内，放入烤箱 160℃ 烤 10 分钟。

2. 芝麻菜洗净沥干备用。

3. 瑞士大孔奶酪切成小块。

4. 将芝麻菜、蒜瓣和其他所有食材放入破壁机杯中，搅拌均匀。

5. 搅拌成细腻的芝麻菜青酱，然后倒出，撒上适量海盐和黑胡椒碎。

6. 汤锅内加水，撒一勺盐，放入意粉，大火煮沸之后转中火，继续煮 7~8 分钟。煮好的意粉捞出沥干，然后拌入芝麻菜青酱。

清明，三月节。按《国语》曰，时有八风，历独指
清明风，为三月节。此风属巽故也。万物齐乎巽，
物至此时皆以洁齐而清明矣。
——《月令七十二候集解》

清明

清明在二十四节气里，是个跨界的异数，悲喜共生的存在，既是节气，又是节日。

《历书》记："春分后十五日，斗指丁，为清明，时万物皆洁齐而清明，盖时当气清景明，万物皆显，因此得名。"因此时气候清爽、景物明朗，万物都洁净而清明，而得名。

开在清明的桐花，被视为清明节气之花。桐花的盛开，是春色的顶点，却也预示着春天将逝。

几多悲伤，几多欢乐，都是同一个清明。悲是缅怀先祖，乐是踏青郊游，有时候想，古人何以如此"分裂"？

其实，古人追求的是乐天知命的人生最高境界，于是乎"天人合一、随遇而安"就成了他们的人生态度。只要读懂了农耕文明时期先人们的人生态度，疑问自然消失。

寒食已随云影杳，祭祖无妨踏青游。该祭奠时祭奠，祭祖尽孝不必悲戚；该游乐时游乐，郊野踏青不必拘束，由记挂先人的追思转为开阔畅然的心境，情感的寄托和自然的赐予并存。

| 草木成精 |

说说野菜的从良史。

1. 艾叶

一到清明，糯米团子这东西就绿了——青团。

过了上千年，青团还在，而青团的"青"，是从草汁里挤出来的。遍览祖国大地，在清明，能做青团的青草有：艾叶、鼠鞠草、鸡屎藤、泥胡菜、小麦草等。它们带着各自独有的能量，生长在春天里。

艾叶，最能代表青团的气质，清明时节的艾叶有最顶尖的嫩阳之气，是植物界的"阳中之阳"，正好用来养肝气，《本草纲目》载："艾以叶入药，性温，味苦，无毒，通十二经"，艾叶温补，还能祛寒湿，春天的南方湿气重，容易肝脾不和，可以吃一点嫩艾叶。

2. 荠荠菜

荠荠菜被古人称为"天然之珍的灵丹草"，《千金食治》中有："味甘涩，温，无毒，凉肝明目。"荠荠菜可降血压、健胃消食、强筋健骨、明目养肝、润肺和中，有助于增强免疫功能。荠荠菜的吃法多种多样，每一种吃法都能完美地演绎出纯天然的春天味。

3. 荞头

荞头，又称藠头，古人谓之薤。

荞头打眼一看，有点像我们平时常见的小葱，细看就会发现，还是非常不一样的，荞头比葱白，更加肥美，更为白嫩。

荞头，仅在清明节前后才能吃到，也叫清明菜。它赏味期很短，却是专通寒滞的通阳妙品呢，能通上中下三焦的寒滞。《本草求真》中记载："味辛则散，散则能使在上寒滞立消；味苦则降，降则能使在下寒滞立下；气温则散，散则能使在中寒滞立除；体滑则通，通则能使久痼寒滞立解。"

4. 夏枯草

《济世仁术》曰："三月三日，采夏枯草，煎汁熬膏，每日热酒调吃三服。治远年损伤、手足淤血，遇天阴作痛，七日可痊，更治产妇诸血病症。"

夏枯草散结消肿的能力比较强，一些身体的旧伤，淤血、生孩子留下来的月子病，都是很难治愈的，三月三所采的夏枯草，却被赋予了这种神力。

5. 乌稔叶

乌稔树又叫南烛树，在古代，它有个好听的名字——染菽。

《岁时广记》中有："居人，遇寒食，采其叶染饭，色青而有光，食之资阳气。"为道家所创，道家谓之青精饭。李时珍《本草纲目》记载："此饭乃仙家服食之法，而今释家多于四月八日造之，以供佛。"

食乌稔饭是南方多地的清明食俗，尤以江南为最。名里带了个"乌"字，是因为稔树叶里的花青素使粒粒米饭乌黑发亮、透着清香。

6.盘龙参

这种只在清明时现身的药草，又叫清明参，学名叫作"绶草"，是清明养生的神奇之物。绶草是一种民间常用的中草药，它性味甘平，滋阴益气，对病后气血两虚的调理作用非常好。煮水当茶饮，具有益阴清热、润肺止咳、消炎解毒之功效。

每种植物，在某个时节，都有自己的巅峰时刻，有自己最好的状态。此时的春草即使没有成精，也是一年中最通天地之气的。

青团

青团是江浙一带的特色食物，北方是没有的。随手可得的一抹绿意做成的青团，既兼顾外观与滋味，清新软糯，实在想不出第二种食物能与之媲美。

不如亲自动手来做一次青团吧！不甜不腻，闻着清淡却悠长的青草香气，追忆那些过往的人和事。

【食材】

糯米粉————————130 克

澄粉——————————25 克

细砂糖—————————10 克

猪油——————————10 克

艾草粉—————————4 克

沸水———————130-140 毫升

【馅料】

豆沙馅——————————适量

【做法】

1. 艾草粉加 90 毫升沸水搅拌均匀。

2. 澄粉加 40 毫升水煮至黏稠，沸煮过程中需不停搅拌。

3. 艾草汁、澄粉糊、细砂糖、猪油一起放入糯米粉中。

4. 揉成面团。

5. 取一面团，包入一团馅。

6. 搓成汤圆一样。

7. 垫玉米皮或油纸码入笼屉，水烧开后大火蒸 15 分钟。

厨房小语　　1. 糯米粉的吸水量不同，水可酌情加减。

2. 弄不到艾草的北方朋友，可在网上买艾草粉或艾草汁。

野餐你去过，可你见过这样野的吗？

在古代，清明是一个欢乐的日子，尤其适合踏青郊游，文人墨客带上酒食，寻一山清水秀之处，临水而坐，曲水流觞，吟诗作赋。

唐朝的长安，每到农历三月初三前后，"春光懒困倚微风""嫩叶商量细细开"。长安的仕女趁着明媚的春光，锦衣长袖，骑着温良性情的马，或者坐着华丽的马车，带着随从和极其丰盛的美酒佳肴，来到曲江池边，选一处风景上好的地方驻马设宴，以竹竿挂起罩裙遮蔽初起的阳光，便是临时的饮宴幕帐。女子在此斗花、宴饮，这红的、紫的、蓝的"裙幄"，三三两两散于堤岸上，就是闻名天下的"裙幄宴"。

唐朝张籍《寒食内宴》："朝光瑞气满宫楼，彩纛鱼龙四周稠。廊下御厨分冷食，殿前香骑逐飞球。千官尽醉犹教坐，百戏皆呈未放休。共喜拜恩侵夜出，金吾不敢问来由。"所谓冷食，即已做成的熟食。据史料载，唐朝的冷食有干粥、醴酪、冬凌粥、子推饼、馓子等。

| 子时睡眠 |

春天犯了什么错？抑或是你在春天犯了什么错？

古人认为晚上9点以后睡就算晚了。可是你呢，只会嚷嚷"臣妾做不到啊"，所以你肆意到11点前也就差不多了。

清明是排毒减脂最易有成效的时节，让身体恢复"清净"状态，最简单的方法就是睡好"子时觉"。

晚上11点至次日凌晨1点的子时，是"清净之官"胆经当令，当令就是当班的意思，也是身体"一阳来复"的时间。

《黄帝内经》里有一句话叫作"凡十一藏皆取于胆"。子时是一天中最黑暗的时候，阳气开始生发。胆为少阳之气，主升清降浊，是身体的"清净之府"，胆气生发起来，全身气血才能随之而起。此时睡眠，可让胆经修复一天中的浊气，达到体内环境的天清地净。

清明时节，身体一点点的不洁净、毒素淤积，都会被"清明气"感知到，这段时间特别有偏头痛、眼睛发胀、易怒的症状。尤其是患有高血压的老人，容易出现头疼、晕眩，所以要格外注意要平肝木、清胆湿、定胆气。

和合汤，让身体恢复清明之气。汤料有用干百合 25 克、黑豆10 克、莲子 10 克、大枣 6 枚、核桃仁 15 克。将百合、黑豆、莲子提前浸泡 1 小时，大枣去核，将所有材料放一起煮汤喝。

百合入肺经、胆经，黑豆入胆经、肾经，皆为清明之物。它们润肺气、定胆气，宁心安神，令神明清爽，可帮助身体恢复天清地明、阴阳和合的格局。

草头水煎饺

苜蓿，又名草头、金花菜、三叶草，是我国古老的野菜品种之一，直到清代后期才从野菜渐渐地成为园蔬。

草头煎饺，是上海高桥地区的特色美食，也是当地的"名片"之一，被许多老上海熟知，其原料极其平常，即为每年春末夏初田头的老草头，经过晒干就成草头干，然后将草头干斩细，再用旺火重油重糖煸炒，以文火收干，加以配料和手工精制，现在居然成了高档酒宴的点心。

我做的这款苜蓿水煎饺，用的是鲜苜蓿而不是干苜蓿，若是你不嫌麻烦的话，也可把鲜苜蓿晒干，再做苜蓿水煎饺。

【食材】

面粉	300 克
酵母	5 克
猪肉馅	150 克
苜蓿	200 克

【调料】

葱末	10 克
姜末	10 克
生抽	15 克
盐	4 克
蚝油	10 克
香油	适量

【做法】

1. 面粉与酵母兑好，加入温水和成面团，醒 15 分钟。

2. 肉馅放入姜、葱、生抽、盐、蚝油、香油腌制 20 分钟。

3. 苜蓿洗净，焯水，捞出。

4. 将苜蓿切碎，放入肉馅中拌匀。

5. 面团下剂，擀皮，包上馅捏成饺子。

6. 平底锅中刷匀油，放入包好的饺子，淋入食油 20 克。

7. 盖上盖煎 5 分钟。

8. 倒入 200 克白面汤，即清水内兑入少许面粉搅成面汤，再盖住煎焖，使水变成蒸汽传热焖熟；淋入 20 克食油，再盖住焖煎 5 分钟。饺子底部呈焦黄色时，离火即成。

厨房小语

1. 做水煎饺馅料不能太湿，面皮也不要太软太薄，否则受热后会出汤，滋味也就随着汤汁跑掉了。

2. 制作白面汤的比例是：水和面粉 10：1。

虹始见

节气厨房

诗意而浪漫的上巳节，我们再也回不去了。

在古代，农历三月三是上巳节，如今已经存在感极低了。

农历三月三，也就是古时候的上巳节，它曾与春节、中秋节齐名，大约起源于春秋，兴起于魏晋，盛行于唐朝，至宋代以后，理学兴盛，男女授受不亲的礼教渐趋森严，上巳节这个美好诗意的节日，很可惜地逐渐消失在人们生活中。

《诗经·郑风·溱洧》写："溱与洧，方涣涣兮。士与女，方秉蕑兮。女曰观乎？士曰既且。且往观乎？洧之外，洵吁且乐。维士与女，伊其相谑，赠之以勺药。"

这段文字描写了郑国三月三上巳节的场景。在这春情盎然的时日里，男女踏青幽会，互定终身。上巳节是中国最古老的情人节，比西方情人节早了上千年。

了解日本传统文化的朋友，对日本女儿节肯定是熟悉的。日本女儿节又叫"上巳""桃花节"或"雏祭"，是日本民间五大节日之一。

其实，日本的女儿节源自中国的农历三月三上巳节，是融合了中国传统与日本本土文化之后形成的节日。令人遗憾的是，这么富有诗意而浪漫的上巳节，在今天中国的大部分地区已经基本看不到了。

| 洗濯祓除 |

三月三上巳节洗白白，灾祸与你说拜拜。

"三月三，生轩辕"，相传三月三是黄帝的诞辰，因此上巳节也是纪念黄帝的节日，后来演变成上巳节祓禊，人们结伴到河边沐浴，用兰草洗身，用柳枝蘸花瓣水点头身。祓，是祛除病气，使身体清洁；禊，是修洁净身。

《周礼·春官·女巫》有"女巫掌岁时祓除衅浴"的记载，郑玄注："岁时祓除，如今三月上巳如水上之类，衅浴谓以香薰草药沐浴。"

《论语·先进》："暮春者，春服既成，冠者五六人，童子六七人，浴乎沂，风乎舞雩，咏而归。"描写的就是当时的情景。

清明药浴方：艾草、菖蒲、野菊花、茵陈、麻柳树叶、柳树枝、野薄荷、桑叶各 15 克煎水，放至适宜温度，不加其他生水，沐浴、擦身、泡脚，或给孩儿泡澡。该药浴小方，能调养血脉，清肝胆湿热，祛风除湿，功效明显，令身体的湿浊之气通过发汗来祛除。

枸杞叶方，古书载："初三日，取枸杞煎汤沐浴，令人光泽不老。"枸杞沐浴一般用的是枸杞叶、枝、根，枸杞根就是中药地骨皮，有清热凉血、清降肺火的功效；枸杞叶补虚益精，清热止渴，祛风明目，用枸杞全株煮水泡澡，此时节再合适不过。在这里多插一句：鲜枸杞叶是春天的恩物，用来炖好喝的猪肝汤，补肝肾明目又降肺火。

法式贻贝

贻贝也叫海虹或青口贝,《本草纲目》称它为东海夫人,晒干后称为淡菜。吃贻贝讲究季节,每年3~5月都可以吃,尤其是清明前后的贻贝最为肥美,过了五一就不行了,喜欢吃贻贝的朋友千万要抓住时机会哟!

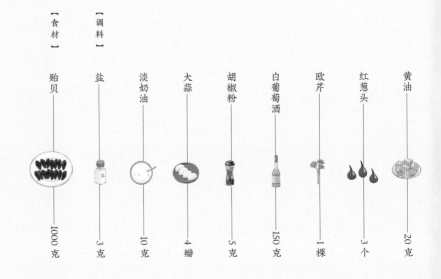

【食材】

- 贻贝——1000克

【调料】

- 盐——3克
- 淡奶油——10克
- 大蒜——4瓣
- 胡椒粉——5克
- 白葡萄酒——150克
- 欧芹——1棵
- 红葱头——3个
- 黄油——20克

1. 洗干净贻贝，但是注意不要刮贻贝的外壳，不然煮贻贝的汤汁会变黑。当然，外壳有破损的也要拿出来。

2. 蒜、欧芹、红葱头切末。

3. 将黄油放入锅里融化后改中火。加入切好的蒜、红葱头碎，翻炒至红葱头碎开始焦糖化。加入白葡萄酒。

4. 拌匀后加入洗干净的贻贝，焖3分钟左右，在这期间搅拌几次。

5. 贻贝壳都展开后，表明已熟了。按自己口味加盐、胡椒粉、淡奶油，给汤汁调味。

6. 汤汁稍微黏稠后，撒欧芹碎出锅。

厨房小语　　　没有红葱头可用洋葱代替，没有欧芹可用香菜代替。

谷雨，三月中。自雨水后，土膏脉动，今又雨其谷于水也。雨读作去声，如『雨我公田』之雨，盖谷以此时播种自上而下也。故《说文》云雨本去声，今风雨之雨在上声，雨下之雨在去声也。

——《月令七十二候集解》

谷 雨

暮春了，清明携着一场凉雨远去，浮萍初生，随水漂浮。此时北方才刚磨磨蹭蹭进了春，而南方已经准备好了迎接这一年的雨季。

这是一年中最丰盈的节气，说春归夏至，说寒尽暑来，说雨生百谷，说万物生长，也是唯一将物候、时令与稼穑农事紧密对应的一个节气。

谷雨前后，种瓜点豆。小时候，家门前有一块田地，在农村，几乎家家门前都有这么一块地，母亲、外婆总是会种豆种菜。

她们最喜欢种的是丝瓜。丝瓜大多种在菜园的边边角角，足下有一抔土，丝瓜十分谦虚地扎下根，一条条细细的茎蔓藤，似三跪九叩般沿着篱笆向树爬去，它一身挂着手掌似的叶子向前匍匐，窸窸窣窣，全是心声。

每年还得留几条老的丝瓜做种，还取丝瓜络——老的丝瓜摘下来，晒干，敲掉外面的皮和里面的丝瓜子。丝瓜子不好吃，有腥气。

丝瓜络大多是白的，也有的略黄，可用来刷锅洗碗、擦灶台，也可用它洗澡。用丝瓜络洗澡时，新丝瓜络太扎人，身上一擦，皮肤就红了，像软质的锉刀，须在上面涂一些肥皂才润滑一些。我一般选小丝瓜络，感觉柔和一点。

| 脾王之时 |

再也不曾发现还有其他时节会像仲春这般蕴含这么多的秘密。

谷雨正是春夏交接的节气，也是"脾王"之时。《素问·太阴阳明论》中有，"脾不主时何也？""脾不独主于时，而寄旺于四季之末。"也就是说，"脾"只在每季末旺盛，气血应四季而流布、调整，其实就是人要适应季节的变化。

张仲景补脾温阳的方子中，最喜欢用的药是甘草、大枣、生姜，都是入脾胃经的。甘草、大枣味甘，是入脾的；生姜既能健脾，还有和胃的功效。

春到谷雨，很快就是立夏，此时麦穗灌浆、小孩长个，人体容易在清与浊之间徘徊，应得时气滋养，让清气上升、浊气下降。

野蛮生长的春菜，怎么吃才好吃？

1. 苦菜：升心之清气

苦味入心，可降心头之火，除烦躁。《本草纲目》云："久服安心益气，轻身耐老。捣汁饮，除面目及舌下黄。"

2. 马齿苋：降五脏浊热

马齿苋虽不起眼，却汇聚了木、火、土、金、水五行的精气，它还有个神奇的名字：五行草。它的清热作用是全方位的，心、肝、脾、肺、肾，不管何处有热，马齿苋都能清之。用马齿苋清热，当菜来吃就很好。但要注意，肠胃虚寒的人，吃马齿苋容易拉肚子，要慎食。另外，孕妇也不能吃。

3. 蒲公英：降胃浊不伤身

古医书《本草新编》中记载："蒲公英，亦泻胃火之药，但其气甚平，既能泻火，又不损土，可以长服、久服无碍。"胃火盛，一般症状为牙龈肿痛、口臭、便秘等。用蒲公英的嫩叶焯水后凉拌来吃，或者煮水喝，下胃火又不损伤脾胃。

4. 车前草：降膀胱湿热

车前草，清膀胱湿热火气，能明目，而且还能去脾之积湿。感觉湿气重时可以煮一壶当茶饮，春夏之季的湿热感冒、腹痛腹泻，一碗车前草煲猪肚就可以治好。

车前草在全国大部分地区都是随处可见的野草，广州很多老菜场有卖，也可以去路边挖一些回来。

白葡萄酒醋拌海螺

春风里已经有夏天凉菜的味道了。

又到了吃海螺的时节，超市里可以买到鲜活的海螺，拌海螺是最爽口的吃法，海螺富含维生素 A，对保护眼睛的健康十分有益。

这道菜，用的是白葡萄酒醋，它是欧美常用的一种食用醋。葡萄酒醋与葡萄酒的成分相似，且果香浓郁、酸度适中，集调味、药用、保健功能于一身。

【 食材 】

海螺	5 只
香椿苗	30 克
姜丝	15 克

【 调料 】

盐	2 克
白葡萄酒醋	30 克
白兰地	10 克
橄榄油	5 克
糖	3 克

【 做法 】

1. 新鲜的海螺洗干净，锅内加水放入海螺，水没过海螺即可，根据海螺大小把控时间，一般开火后煮 15 分钟左右。

2. 香椿苗去根洗净，姜切丝。

3. 盐、白葡萄酒醋、白兰地、橄榄油、糖放入调料碗中拌匀。

4. 取出螺肉，去掉内脏。海螺后部呈螺旋状且颜色发黑的部分即为内脏。

5. 改刀切成薄片，放入碗中。

6. 调入料汁拌匀即可食用。

厨房小语　　　没有白葡萄酒醋，可用苹果醋代替。

鸣鸠拂其羽

次候 4月25~29日

槐花能吃这件事，很刷新认知吗？

过了谷雨，阴了两天，说不上暖和，槐树一直是绿绿的嫩叶子。天晴气暖，槐花瞬时开满，随着温润的阳光，槐花的清甜一起窜到舌尖上。

周末回老家，采槐花，然后吃掉它。

槐分两种，一种是国槐，一种是洋槐。中药中的槐花指的是国槐的花，是因它不够甜美，所以成了被嫌弃的那个。的确，《本草纲目》里明确记载："槐花，苦。"那就这样吧，老老实实当一味中药也挺好。

洋槐，学名刺槐，原生于北美洲，在清朝中后期才引种来中国。我们爱吃的甜甜的白色槐花其实是洋槐的花。

攀着槐枝，一嘟噜一嘟噜地采下来，满当当一出春日宴。

细数槐花的吃法，我觉得最好吃的要数槐花麦饭。到家先把槐花择出一小把来，顺着小茎捋下一粒粒的小花儿，拿青花瓷盆盛了，像一盆碎玉。洗净，撒一层薄薄的白面，拌匀。将裹好面粉的槐花摊在蒸笼里小火慢蒸，扑鼻的清香给人带去清甜的诱惑。

中医里讲究药食同源，《本草纲目》里出现"槐花，无毒"的同时，一并记载的槐花食用与药用方法，均需加热。此处的"槐"，多指国槐。

以槐入药最常见的做法就是槐花饮品，比如以国槐花酿醋，还有用槐叶蒸熟晒干研末制成的槐叶茶，以及加入葱和豆豉调味的"大菜"——水煮槐叶。

据记载，古人还有槐角、嫩叶捣碎之后，取汁液和好面团，加入酱做成熟齑的吃法。槐花还可以洗净蒸熟，在阳光下晒干然后贮藏，冬季，将干槐花泡发后加作料凉拌，便是下酒的好菜，也不失为冬日里的清淡风雅之事。

掐指一算，这些才是拯救肝胆的良药。

春天是疏通肝胆的最佳时节，就像春天一到，要犁地松土一样自然，把板结的土壤疏松疏松，给身体经络疏通疏通，气血才不会那么容易瘀滞，顺利到它该去的地方去，这是每个人都需要的，不分体质。

春天里的野蔬，总是带着粗野又香甜的大地母亲之味。

在青草疯长的春天里，蒲公英、莴笋、菊苣、薇菜、三七菜，便代表了春天的味道——宁静，悠远，散发着微微的清苦。

菊苣，为药食两用植物，芽叶可做菜，具有清热解毒、利尿消肿、健胃消食的功效。

薇菜，又名"野豌豆"，活色生香地长在《诗经》里，大名鼎鼎的《小雅·采薇》里写道："采薇采薇，薇亦作止。"它具有清热解毒、润肺理气、补虚舒络的功效。

三七菜主要食用其嫩茎叶部分，三七菜中含有齐墩果酸、黄酮类物质等，经常食用还可以保护肝脏，增强人体免疫力。

它们不仅是餐桌上的一道佳蔬，更是一味良药。因营养成分丰富，所以有着"天然保健品，植物营养素"的美誉。这些简单又有力量的食物，养脾胃肝血，又不会肆意提供肥甘厚味，宠溺出高血压、高血脂。

蒜香黄瓜花

黄瓜，一个被凉拌耽误了 2000 年的"老戏骨"。

黄瓜原本姓胡，在两汉或魏晋时来到中原，即使改姓避嫌，也难得汉人待见。

唐人孙思邈的《千金要方》里直称黄瓜"有毒，不可多食"，黄瓜是如何洗白、翻身的尚不明了，总之从南宋起，黄瓜声名鹊起。

黄瓜花，其实就是带着花的黄瓜嫩仔，黄瓜的幼年版本，用它来炒菜好像有些暴殄天物——这一盘子的黄瓜花，等它们长大了可就是一筐大黄瓜呀。

【食料】

黄瓜花———————————400 克

【调料】

蒜—————————————2 瓣

食用油——————————10 克

盐—————————————2 克

【做法】

1. 黄瓜花去掉过长的蒂。

2. 蒜切片。

3. 黄瓜花放到淡盐水中浸泡十分钟，再冲洗几遍后沥干。

4. 锅中放油，油五成热后放入蒜片爆香。

5. 放入可爱的黄瓜花，大火翻炒半分钟。

6. 保留黄瓜花清新的味道，不用加太多的调味料，只要盐就好。

差一点点，便以为入夏了。

过了五一，北方天气真的就和暖了，气温变得舒适可人。

一堆衣服散乱地放着，偶尔抬起头，矫情写了一脸。

准备换下厚衣时，忽然怎么就觉得原有的春装已老了、旧了，不过隔了一个春天，竟像是许久以前的事，若道"流光容易把人抛"，便不只是人，日子总在碎碎念里反复，连同这样一些旧事、旧物。

这个时节最适合享受生活，喝杯谷雨茶，通全身不畅之气。

明代许次纾在《茶疏》中谈到采茶的时节："清明太早，立夏太迟，谷雨前后，其时适中。"

谷雨这天采摘的新鲜茶叶做的干茶，被称为谷雨茶。雨前茶的"旗枪""雀舌"与明前茶的"莲心"同为春茶佳品。

喝谷雨茶可以清火、辟邪、明目。所以谷雨这天不管是什么天气，人们都会去茶山采一些新鲜茶树叶回来喝。

问个问题：茶为喝，还是为吃？

其实，起先茶叶不是用来冲泡饮品的，是当蔬菜吃的。据唐《茶赋》载，茶叶"滋饭蔬之精素，攻肉食之膻腻"，后来才专门为冲泡饮料所用。

陆羽所著《茶经》集前人茶学之大成，他主张茶应清饮，认为在茶中放些葱、姜、枣之类的作料，不堪饮用。

除了茶道之饮，作为药用的茶开始入馔，是为药食同源。当初神农尝百草，一日遇七十毒，得茶而解。唐代《本草拾遗》称茶为"万病之药"，可谓推崇备至。

现在让我们捋一捋思路，看清茶膳分为几类：新鲜芽叶入馔；干茶煎、炒、炸或磨为茶粉；泡开干茶茶汤为料；茶叶加热熏制料理。

如果从烹调效果来看，寒凉的海鲜应用同是凉性的绿茶烹调，比如龙井虾仁；温性的鸡、鸭肉与温性的乌龙茶配合，比如川菜樟茶鸭；牛肉是热性的，它的好搭档自然是同属热性的红茶，比如红茶牛肉。

| 小补气血 |

春季是一年的初始，是身体阳气生发的时节。从立春到清明，不适合进补，因春天阳气升发，易扰动肝胆、胃肠蓄积内热，所以此时应该是祛寒湿、排毒和清除体内火气。

而到了春末的谷雨时节，人体内的阳气、肝血是一年中最旺的，是调气血的最佳时节。前几个月脾胃不是很好的朋友，现在会有好转，胃口也逐渐打开，可以小补一下，借天地的阳气生发提升脾胃功能，把气血补养充足，随着节气，阳气才能正常地夏长、秋收、冬藏，节气养生就是这样环环相扣。

气血不足，虽不是大病，却是万病之源，此时吃补品往往有虚不受补的情况，最好的补品反而是食物。每天早上，饮一小杯温水，取熟花生仁 5 粒，红枣 3 颗，核桃仁 1 个，嚼服，然后安静地坐上 3 分钟即可。食物虽少，补养气血的效果却非常明显，操作又很简单，可谓性价比奇高。

绿茶该尝鲜，白茶则应老。白茶有着"一年茶，三年药，七年宝"的说法，煮上一壶老白茶，清肝解毒，非常适合谷雨时节的阴雨天在家慢饮。

说说家常餐桌上喜闻乐道的补血妙方吧。一日三餐中，有很多补血食材，像红枣、桂圆、花生、红豆、红糖、乌鸡、枸杞、莲藕、黑芝麻等，都是人们常吃的补血、补肾的食品，将它们互相搭配，就成了很好的补血食疗方。

如若有条件，吃点燕窝、雪蛤，也有非常好的滋阴补血效果。鸭肉、雪蛤、糯米煮粥，有养血益脾、补中益气的功效，特别是对手术后失血过多、体虚的人是大有裨益的。

补血三色盅

【食材】

红枣————————8 个

干银耳————————10 克

乌梅————————4 个

【调料】

冰糖————————适量

【做法】

1. 红枣、乌梅洗净。

2. 银耳泡开，去根，洗净。

3. 将银耳放入炖盅里。

4. 再将红枣、乌梅、冰糖放入盅里。加入适量清水。

5. 放入锅中蒸 40 分钟即可。

夏长

立夏

小满

芒种

夏至

小暑

大暑

立夏，四月节。立字解见春。夏，假也，物至此时皆假大也。

——《月令七十二候集解》

立夏

蝼蝈鸣

初候 5月5~10日

立夏的食俗，是二十四节气中最丰富的。

如立夏尝三鲜，吃立夏饭、立夏馃、立夏蛋，喝"立夏茶"，吃光饼，吃脚骨笋，等等。就拿立夏粥来说，民间就有"一碗立夏粥，终身不发愁；入肚安五脏，百年病全丢"的说法。

立夏吃豌豆饭是江南的一个传统，据说与当年诸葛亮七擒孟获的故事有关——中国的饮食习俗的背后，往往会有一个曲折曼妙的故事在等着你，或是一部百年风云激荡史被不紧不慢地捣鼓出来。

立夏饭，以前是用五种颜色的豆类和大米一起煮成，也叫五色饭，后来改成了用嫩绿的豌豆，再慢慢演变成了豌豆咸肉糯米饭。这个季节豌豆大量上市，此时的豌豆，碧绿的豆荚惹人喜爱，清甜鲜美的滋味便漾在唇齿间，吃起来总是不会让你失望的。

在做豌豆饭的时候，也不要单一只用豌豆，可加入一些其他食材，比如春笋、咸肉、香菇、青菜等，你也可以根据自己的喜好来做，一切丰俭由人，只是让味道更美味、营养更丰富。

豌豆糯米饭的做法有两种，可随自己的喜好选择。一种是先炒后煮：把糯米洗净，将豌豆及配料过油炒一下，然后倒入洗净的糯米，调味后，倒入电饭煲或高压锅中，加水没过所有的材料，烧熟。另一种是炒熟法：糯米在洗净后加冷水浸泡5小时以上，沥干，然后将豌豆及配料下入油锅中炒一下，再倒入糯米一起炒至熟，最后调味。

|脾之谷|

蚕豆、豌豆、青豆、荷兰豆，什么豆？这么逗。

不知道你发现没，吃立夏蛋、吃新豆、吃新麦面，吃的都是养脾胃、补气虚的食物。

初夏，麦、豆、果、菜大出，老祖宗说："出于天赋自然冲和之味"，才能补人。

丰子恺的漫画《母爱》中有"樱桃豌豆分儿女，草草春风又一年"，江南初夏的味道就透出来了。

豌豆，《本草纲目》记："豌豆属土，故其所主病多系脾胃。"

豌豆和荷兰豆都是豆科豌豆属植物，不同的是荷兰豆以食用嫩荚为主，豌豆则以食用豆粒为主，如果你仔细观察，会发现荷兰豆里面也有小小的豆豆，要比豌豆的豆粒小得多。

"莫道莺花抛白发，且将蚕豆伴青梅。"之所以把蚕豆与青梅这两种风马牛不相及的食物相提并论，是因为它们是春末夏初的时令吃食。

蚕豆，在汪颖的《食物本草》中记载："快胃，和脏腑。"蚕豆祛湿、和脾胃、利脏腑的功效很强。夏天最大的特点是湿邪重，加上夏日脾胃功能低下，肠胃不好的大人和小朋友，可以用蚕豆做羹来吃。

清代薛宝辰在《素食说略》中说，他几乎隔天就用蚕豆汤浇饭、浇面或就饼，十分可口，比肉菜好吃得多。

青豆是一种皮为青绿色的青仁大豆，各地的叫法不同，有补肝养胃的功效。

其实初夏产的豆类均属于"脾之谷"，在争分夺秒吃新鲜绿豆子的季节，千万不要犹豫，再不吃，就黄啦。

分心木煮蛋

还记得今年朋友圈里盛传的一篇关于分心木的养生帖吗？文中介绍，它可以补肾、活血，对改善腰膝酸软有奇效，还可以调和脾胃，改善失眠，只要用开水泡茶饮用即可。

分心木是什么？

分心木，就是吃核桃的时候，在两瓣核桃仁之间那一片薄薄的，状如蝴蝶的木质东西。中医师给出了明确解答，分心木是一味中药，虽然具备一定的药效，但并没有网传的那么夸张。

不过，很多地方都有用核桃壳、茶叶煮立夏蛋的习俗。古俗：吃立夏蛋，可防"疰夏"。

【 食材 】

核桃壳和分心木————————6-8 个

桑叶茶————————————10 克

八角——————————————1 个

陈皮——————————————1 块

桂皮——————————————2 克

姜————————————————3 片

鸡蛋——————————————6 个

盐————————————————5 克

生抽—————————————20 克

【 做法 】

1. 将核桃壳与分心木，和除鸡蛋之外的其他材料一起放入砂锅，加清水泡 15 分钟。

2. 大火烧开后转小火，煮约 20 分钟，至汤汁浓郁。

3. 此时放入洗干净的鸡蛋，加盐、生抽一起煮约 10 分钟，至鸡蛋熟透。

4. 用勺子轻轻将鸡蛋敲破一点裂缝，再煮 5 分钟，关火。先别急着吃，泡半天更好入味。

四月尽了，五月携着一股热流到来，若不是早晚有点凉意，似乎已进入了盛夏，不过三两天光景，春天真的不告而别了，春尽了。

五月第二个周日是母亲节，儿子从懂事起，每到母亲节都要亲自选盆鲜花送我。他说盆花养得长久，还不贵，今天照例。

看着花很开心，便想起了我的母亲。母亲在世的时候，还不兴过母亲节，不曾收到过鲜花和祝福，连生日，在我的记忆中也没过几回。

《诗经》里说："焉得谖草，言树之背？"谖草，又叫萱草，是中国古时的母亲花，亭亭之姿不输康乃馨。

萱草还有一个销魂的名字叫忘忧草，有解忧郁的药效，古人远行之前，会在母亲所居住的北堂前种下萱草。"萱草生堂阶，游子行天涯"，希望母亲不为思念所苦。

平时吃的黄花菜（金针菜），就是黄花萱草的花。黄花菜其实属于百合科，李时珍在《本草纲目》中有很详细的论述："其苗花甘凉，作菹利胸膈，安五脏，令人欢乐无忧。"

《养生论》载："合欢解忿，萱草忘忧。"母亲节时，不妨给妈妈泡一杯双花忘忧茶——用干黄花菜 10 克、干合欢花 10 克、冰糖 3 颗放入杯中，加沸水冲泡，焖制 20 分钟后，趁热饮用。哮喘病人忌用。

黄花菜要吃晒干的，新鲜的黄花菜中含有秋水仙碱，被肠胃吸收之后，在人体内氧化为二秋水仙碱，具有较大的毒性，因此一般不建议食用。

| 升清降浊 |

一不小心，补错了，爱都成了伤害。

入夏之后，气温上升，"热"以"凉"克之，"燥"以"清"驱之。因此，升清是此时的重要戏码。

升清，指上升的清阳之气；降浊，指下降的浊阴之气。脾主升清，胃主降浊。当脾胃阳气不足时，会聚湿生痰，阻滞中焦，形成清阳不升、浊阴不降的状况。

不论老人还是孩童，只要有不良的生活习惯，体内浊气就易出现，今天咱们不补，而是深度清清身体内的垃圾，只有这些有形的浊物排出去，身体的清气才能上升。

升清降浊一杯茶，茶叶里的香能散，是向上向表疏散邪气的，且升清气；苦能下，是向下降浊火的。

推荐一杯沙棘茶，《中药大字典》记载，沙棘具有活血散瘀、化痰宽胸、补脾健胃、生津止渴、清热止泻之效。

食方及用量：将 5 克（1 小包）沙棘茶，溶入 200 毫升温开水或 150 毫升冷水中，搅拌溶解后即可饮用，浓淡随意。可以天天喝，但应在上午喝。晚上是肾脏主时，不宜多喝茶，以免增加肾脏的负担。

古人的智慧高深，茶既能"上"也能"下"，是天然的平衡剂，比药温和太多，不太会给身体带来偏向性损耗。如果身体很寒的人想喝茶怎么办？可以喝姜茶。古人还有喝椒茶的习惯，把姜和花椒放在茶里一起煮，这都是温热的东西。

北极虾抱子甘蓝沙拉

苦味食物的辩护时间：谁说我们都难吃？

抱子甘蓝正是上市的时候，它味甘，性凉，有补肾壮骨、健胃通络之功效和许多十字花科蔬菜一样，它富含一种叫作硫苷的物质，研究发现，这种物质有抗癌作用。

抱子甘蓝吃起来稍苦，如不喜欢这种的苦味，可以蒜汁爆香，烹饪时间不宜过长。

配其他蔬菜淋上橄榄油，做一份沙拉，既不会减低抗癌物质的活性，又能吃得清新不油腻。

【食材】

抱子甘蓝————————————15 个

北极虾————————————10 个

小金橘—————————————3 个

香椿苗—————————————一把

【调料】

橄榄油—————————————5 克

红葡萄酒醋———————————20 克

海盐——————————————2 克

糖———————————————3 克

现磨黑胡椒———————————适量

柠檬汁—————————————适量

【做法】

1. 将抱子甘蓝洗净，去掉根部和硬皮，切开；小金橘洗净，切开；香椿苗去根，洗净。

2. 抱子甘蓝放入锅中，焯一分钟左右捞出。

3. 北极虾去皮。

4. 橄榄油、红葡萄酒醋、海盐、糖、柠檬汁放入碗中，调成料汁。

5. 将所有食材放入碗中，倒入料汁。

6. 现磨黑胡椒，拌匀即可。

厨房小语　　没有红葡萄酒醋，可用苹果醋代替。

王瓜生

末候 5月16~20日

夏天,你喜欢喝点儿什么小酒?

如果有什么能代表初夏的味道,那一定是青梅。

与许多香甜的水果不同,酸是青梅最显著的特征。青梅酒大概是大部分青梅的归宿。

如同日本治愈系导演是枝裕和的电影里那样,幼梅附枝,再浸着水雾湿气慢慢成熟,果农们将满山的青梅都采下,有的出售,而大部分则用来做青梅酒。青梅已经成为日本饮食生活中必不可少的元素,如平时饮用的梅酒、饭团上的梅干,等等。

殷商时的《书经·说命》记载:"若作和羹,尔唯盐梅。"意为做羹汤时离不开盐和梅。原来那时的梅子,一如今日烹调时的醋,是酸味的来源。而后又逐渐有了"谩摘青梅尝煮酒,旋煎白雪试新茶"的风雅适意。

做梅酒的青梅要选取新鲜个大的,表面洗得干干净净,用牙签扎上几个小孔,以便其滋味能充分浸入酒中。放入广口玻璃瓶中,接着以一层冰糖一层梅子的顺序,将冰糖和梅子铺好。将白酒倒入,这步一定要慢,以免破坏青梅和冰糖分层。然后密封起来,眼见着梅子一点点地变黄,酒液变得金黄,清亮透明,心里就更多了些期待和欢喜。等上三个月,或者时间更长一些,青梅酒就可以喝了。

初夏除了青梅,还有桑葚,桑葚常见的食用方式是将其放入酸奶、冰激凌中,或者做成桑葚膏,将桑葚榨汁也是不错的选择。

唐代孟诜《食疗本草》曾有过"桑葚酒"的描述。《四时月令》也提到,四月适宜饮桑葚酒,能解百种风热。凡有桑葚之处,皆可做桑葚酒。苏州人做桑葚酒的方法也极其简单:洗净三斤桑葚,倒入十斤烧酒,再有些许冰糖,封盖,放上40天左右即可。

| 暑易入心 |

夏为暑热,在五行属火,五脏属火者为心,中医认为苦味入

心，夏季多吃一些苦味的食物是可以养心的。

李时珍在《本草纲目》中指出，苦瓜苦、寒、无毒，具有除邪热、解劳乏、清心明目、益气壮阳（子）的功效。苦瓜因其味苦而清香可口，被人们视为难得的食疗佳蔬。

认识一位老中医，她说立夏的气温逐渐升高，人的脾胃功能受到炎热刺激后下降，此时饮食中少不了的是四种瓜，就是西瓜、黄瓜、丝瓜、苦瓜。

她告诉我一道菜：锅塌三瓜。它是用黄瓜、丝瓜、苦瓜、鸡蛋、虾仁做成的，选料新鲜自然，做法并不复杂：将黄瓜、丝瓜、苦瓜切丝，和虾仁一起加入蛋液中，上锅摊成蛋饼，配以麻酱调成的凉拌汁，口感清淡，少油腻，老少咸宜。

我说，苦瓜口感不好，最不爱吃了。她说，去掉了苦味，那就没什么意义了，你应该知道良药苦口利于病吧，夏季一定要多吃微苦的食物。"吃得苦中苦，方为人上人"，虽然不是同一种苦，但意蕴是相通的。

立夏后，暑易伤气，暑易入心，可以常喝下面这道清心汤，让身体水火相济、心肾相交。

鲜莲子百合煲猪心汤，食材：猪心150克、百合25克、去芯鲜莲子20克、太子参15克。将猪心切片，加水适量煮30分钟；后加入百合、太子参、去芯鲜莲子，再煮15分钟，喝汤并食莲子肉和猪心。

百合味甘微苦，性平，入心、肺经，有润肺止咳，养阴清热，清心安神等功效；太子参又名孩儿参，有补气益血、生津、补脾胃的作用，补力平和，可以提高免疫功能，改善心功能；莲子主补脾胃，养神益气力。中医认为，猪心性平，味甘，入心经，有安神定惊，养心补血之功；与百合和莲子、太子参搭配协调，有清心安神、益气调中的作用，适合疲惫或身体虚弱者饮用。

荷香莲藕粉蒸肉

吃了一春天的鲜蔬，难免想着沾些油腥振振精神。

江西一带素有在苦夏初始之日吃米粉肉的习俗，谓之"撑夏"，"食后不分老幼，衡其轻重，借以觇肥瘦之消长焉"。吃了它便能饱足油润地撑过一个炎炎夏季。

【 食材 】

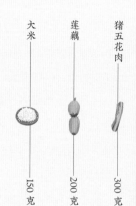

大米 150 克

莲藕 200 克

猪五花肉 300 克

【 调料 】

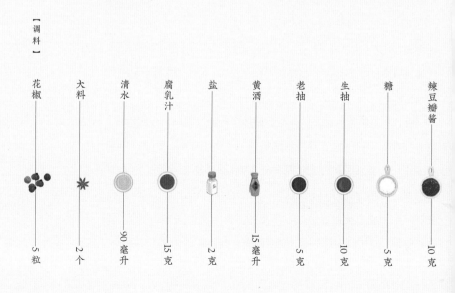

花椒 5 粒

大料 2 个

清水 90 毫升

腐乳汁 15 克

盐 2 克

黄酒 15 毫升

老抽 5 克

生抽 10 克

糖 5 克

辣豆瓣酱 10 克

1. 五花肉切厚片加入调料腌制 30 分钟以上备用。

2. 大米放入干净炒锅，加入花椒、八角用小火翻炒直至米粒变黄微焦，关火晾凉。

3. 大米与调料一起，放入粉碎机中打碎，不宜太碎。

4. 荷叶用沸水泡软。

5. 莲藕去皮洗净后切厚片。

6. 腌制好的肉和莲藕，加入米粉、清水拌匀。码放在荷叶上。

7. 包好后放到蒸笼中。放入蒸锅，大火蒸制 1 小时左右出锅。

厨房小语　　1. 米粉搅打（或用擀面杖擀碎）不要太碎，部分呈颗粒状口感更佳。

2. 米粉的吸水力很强，所以混合时要加足水。

小满，四月中，小满者，物至于此小得盈满。

——《月令七十二候集解》

小满

有一句话说得好：永远不要低估中国人民的智慧。

小满，处处透着中国智慧的时节。

小满，是夏季的第二个节气，此时地下升起的阳气充盈地面，是全年最"接地气"的15天。小满的含义是指夏熟作物的籽粒开始灌浆，变得饱满起来，但还未成熟，只是小满，还未大满。

小满，小小地满足一下就好，不至于全满，这之后，也再没有节气叫"大满"。

此时仅为"小得盈满"，离最后丰收的全然饱满尚有一段距离。因此，收获虽然存在，但更应该继续"生生不息"，视满如不满。唯其如此，方能获得最终的盈满与成熟。

记得小时候，母亲让我用水桶去打水，我贪多，把桶装得满满的，因为水太满，一路泼泼洒洒，到家时桶里还剩下半桶水。

在厨房里，母亲说：太贪心了，水不要装太满哦，谦受益，满招损，满水不供家，懂吗？

母亲的话，我一直记着，满水不供家，水满则溢，月盈则亏，过满，则容易招致损失，先人懂小满，今人亦应明白。

到了小满时节，在菜市场上就能看到一种极其鲜嫩的苦味蔬菜——蒲公英，既是中药，也是一种野菜，被称为中药材中八大金刚之一，虽然在春日已鲜嫩可采，但是到了此时格外茂盛，夏日食苦味蔬菜，是取其清热解毒、安心益气的功效。

| 心火渐旺 |

小满时，万物小得盈满，夏木新荫，麦香初成，"正是晴日暖风生麦气，绿阴幽草胜花时"。

进入小满之后，天气变得以热为主，而中医认为心气与夏气相通，心在人的五脏里是主火的。

小满时节，心火易旺，心火分虚实两种，实火是火邪太盛，阴液不能制火而上蹿，表现为反复口腔溃疡、口干、小便短赤、心烦易怒等；虚火则并非真的上火，而是阴津相对不足，表现为低热、盗汗、心烦、口干等。对实热的人，要把多余的火给清出去；对虚热的人，是把水给补回来。

夏应心，心为火，苦入心。这个时候就可以多吃一些苦瓜。苦瓜到底是祛身体哪里的火呢？

清代王孟英的《随息居饮食谱》说苦瓜"青则苦寒。涤热，明目，清心"。苦瓜是泻心肝之火的，因为它"明目、清心"，当心、肝有火时，就可以多吃一些苦瓜。

小满喝什么茶合适？

喝一杯莲心竹叶茶，清一下心火。心火旺的人往往思虑过多，而竹叶和莲子心可以把人的心火泻出去，起到清心的作用。

莲心竹叶茶的泡法：用莲子心 3 克，竹叶 3 克，拿沸水冲泡，泡 20 分钟左右，味道有丝丝的苦，却带着竹叶的清香。

喝一杯三通花茶，清心安神、活血化瘀。三通花茶泡法：菊花、玫瑰花、三七花各 3 克，然后用沸水冲泡，泡 15 分钟左右即可饮用。

茶杯中有着春天的痕迹，更透着对初夏的邀约。一盏盏茶汤中，是夏日且行且珍惜的问候。

川贝蒸枇杷

小满枇杷半坡黄。

张爱玲《小艾》中有一个情节：五太太让三太太吃枇杷，老姨太早已剥了一颗，把那枇杷皮剥成一朵倒垂莲模样，蒂子朝下，十指尖尖擎着送了过来。如此优雅地吃到一枚枇杷，真是赏心悦目。

枇杷口感酸甜，果肉细腻，汁水充盈。宋代的李纲曾赞叹其滋味："芳津流齿颊，核细肌丰温。"

枇杷好吃，皮难剥。常用的办法有"牙签大法""勺子大法"和"滚滚大法"。

根据《本草纲目》的记述，枇杷花、叶、果仁均可入药，有"止渴下气"，治疗"肺热咳嗽"的功效。大家咳嗽时会喝的"川贝枇杷膏"，味道甜甜凉凉，原料之一正是枇杷叶。

心情好的时候来两颗枇杷，美滋滋甜到心里；心情不好的时候也来两颗，瞬间就被清甜治愈。

【食材】

枇杷————————————3 颗

【调料】

冰糖————————————10 克
川贝————————————3 克

【做法】

1. 枇杷洗净，去核去皮。

2. 将枇杷放入炖盅，再放入冰糖、川贝。

3. 加少量开水，盖上炖盅的盖子，锅中水开后放入炖盅隔水炖 40 分钟即可。

厨房小语　　　如果只作为糖水喝就不用放川贝。冰糖的量根据自己喜好调整。

靡草死

看不懂的五月寒。

五月某天，气温骤然跳水，接连几天，一阵又一阵的东北风吹散了夏日的气息，不是入夏了吗？都穿了两件春装，还是感觉到了阵阵凉意。

五月寒又名小满寒，夏天的五月寒，犹如春天的倒春寒一般。

忽然想喝碗擂茶，拿出搁置已久的擂钵。擂者，研磨也。怎么研磨呢？将所有食材放入擂钵内，用擂持不断春凿。

曾经在湘西凤凰古城，也是这个季节，这个天气，喝过一次土家人自制的擂茶。相传汉武帝时期，将军马援率兵南下征战，途经湘西时正值盛夏，无数士兵患上瘟疫，民间一老翁以家传秘方做的擂茶献之，将士们病情迅速好转，之后，土家擂茶流传至民间。

土家擂茶，承湘西民间古秘方，用生茶叶（指从茶树上采下的新鲜生叶）、生姜和生米仁等原料经混合研碎，加水后烹煮而成，故而得名。土家人认为擂茶既是充饥解渴的食物，又是祛邪驱寒的良药。

南方湿热，草药遍地，茶便是其中重要的一味。茶，古称贾，《本草经集注》中记，茶能提神祛邪，有清火明目、生津止渴等多种功效；姜能理脾解表，祛湿发汗；米仁能健脾润肺、和胃止火。

冬天喝现磨的热擂茶，香醇暖身，夏天喝冷过的擂茶，口感就更加凉爽了。天气热时，喝上一碗用井水冲的擂茶，那种清凉的感觉会从口中一直沁到心底，浑身都有一种说不出来的舒服。

北方祛火

《黄帝内经·素问》中写道："东南方，阳也，阳者其精降于下，故右热而左温；西北方，阴也，阴者其精奉于上，故左寒而右凉。是以地有高下，气有温凉，高者气寒，下者气热。"每个地方的自然环境不同，人的生活习俗及体质也不相同，养生的方法自然也不同。

万物稍得盈满但未及全满的小满时节，天地中阳气已经充实。正常人此时身体内的气血阳气将满未满。一过夏至，阳气独大，就会是另外一种格局了。

小满后气温上升，突出一个"热"字，北方气候相对干燥，阳光充足，热既是火，也是给万物的能量。麦穗在此时泛了黄，日光在此时逐渐炽热悠长，"感火之气而苦味成"，心火燥热，谨慎温补。

如果不是体寒过盛，此时不宜长期喝姜枣茶。宜吃酸养肝阴，比如柠檬、醋、酸梅汤；宜多吃大米，面食为辅；忌辛辣、白酒，以免气壮与肃杀之气相冲。

灯芯草清心茶方，药方请带走。可用淡竹叶 3 克、灯芯草 3 克泡水，代茶饮一两天，以泻心火。此方在《清代皇家脉案》中，清宫御医为帝后的用药中常见。

莲子心泡水喝也有效果，但莲子心太苦了，没灯芯草清心茶好喝，它喝起来微甜，味像绿茶。此外，多喝一些大麦粥，也可以起到清除内热的效果。李时珍在《本草纲目》中说它"味甘、性平，有去食疗胀、消积进食、平胃止渴、消暑除热、益气调中、宽胸大气、补虚劣、壮血脉、益颜色、实五脏、化谷食之功"。人麦味甘、性凉，既可清除大汗淋漓等外热，也可以消除口干、胃脘不适等内热。

大麦粥做法很简单。先取一碗清水，然后加入两勺大麦粉搅拌均匀。再在锅内放入适量大米，加适量清水煮到米开花后，再把刚才调好的大麦粉糊缓缓注入，煮熟。如果吃的时候再配上一小碟清爽的咸菜，味道何止一个"香"字了得！

水煮洋蓟

洋蓟又名朝鲜蓟，其实洋蓟是一朵没开放的花，是一种非常古老的蔬菜，据说和向日葵是亲戚。

洋蓟素有"蔬菜之皇"的美誉，营养价值很高。虽然洋蓟看着挺大一朵花，可食用部分只有叶片底部软嫩的部分和中心的洋蓟芯，煮熟蘸着不同的蘸料吃，口感接近嫩笋，有一股很特别的清香。

【食材】

洋蓟————————————2 个

柠檬————————————2 个

白葡萄酒醋——————————20 克

橄榄油————————————3 克

盐————————————————适量

【做法】

1. 将洋蓟洗净沥干，撕掉底部最外侧老硬的叶子，切去长的茎部。

2. 用剪刀将叶片上尖刺的部分剪去，用刨刀刨去茎部的外皮，切去头部1~2 厘米。

3. 柠檬切片。

4. 将柠檬切片和处理好的洋蓟一起放在深锅里，洋蓟切口朝下。加水，没过洋蓟一半，水里加点盐，加盖中火煮 30~40 分钟。

5. 白葡萄酒醋、橄榄油放入调料碗中，挤上几滴柠檬汁。

6. 洋蓟煮好的标准就是每个花瓣可以轻松脱落。将洋蓟的叶片撕下来，里面的叶子可以整片吃。底部蘸一点料汁，找准内侧柔软部分开吃。

7. 用小勺把这些絮状物彻底挖除干净后，留下一个像蛋挞样的芯。

8. 吃到这里，恭喜你终于到达了洋蓟的精华部分。请怀着虔诚的心，将这一小块柔嫩的"花芯"，三两口吃下去吧。

厨房小语

1. 切过的洋蓟容易氧化，如果不能立刻烹饪的话用柠檬擦一下切面。

2. 洋蓟中心的毛毛一定要彻底挖干净，不小心吃到会令喉咙非常难受。

没有什么是剪刀、石头、布决定不了的。

快到六一儿童节了，六一节是属于孩子的狂欢日，是一年中最充满童趣的日子。

小的时候，每到六一节，母亲就会做一种小零食给我们吃，在今天看来，这不是什么值得一提的事。

没有零食吃的孩子，是很可怜的。可是，过去的岁月里，就有很多没有零食吃的孩子。

在没有零食的年代，母亲会想方设法地做一些小食，像红枣芸豆、话梅芸豆、红茶芸豆，给我和弟弟妹妹们解馋。对我们来说，能吃上红茶芸豆，这一天已是足够奢侈。

现在我还保留着母亲做红茶芸豆的方法，只是食材，更丰富，用红茶配入冰糖，加入蜂蜜，经过简单组合搭配，多味调和，口感一下子热闹起来了，浓郁的红茶味，绵密凉心，可佐酒浅酌，更多的时候是作为零食来吃。

白芸豆配上茶叶，茶叶清湿热，升清降浊。白芸豆更是药食两用的食物，古代医籍记载，它味甘平，具有温中下气、利肠胃的功效，还可以阻断淀粉分解，减少葡萄糖吸收，从而降低餐后血糖，减少胰岛素分泌，还能降低脂肪合成，有减肥的作用。

冷藏后的冰红茶芸豆，虽然不是那么的冰，但这点凉意已足够。而红茶的微涩被传于唇齿间，在舌尖上还有冰糖与蜂蜜的甜味，回味悠长，似缠绵不舍的小情人。

| 南方除湿 |

小满到来后，雨水渐渐增多。民间素有"大落大满，小落小满"的谚语。"落"就是下雨的意思。虽然说高温多雨始终贯穿于夏季，但真正的"湿"是从小满开始的。特别是南方，小满一过，湿邪过盛，在夏天除了要防暑，此时一定要注意祛湿。为什么人一到夏天总感觉不想吃东西？其实就是因为脾为湿邪所困。

夏天还有一个显著的特点，就是脾胃容易寒凉。夏季阳气发散，人体的阳气都浮在表面，形成内空，很容易拉肚子，故有"冬吃萝卜，夏吃姜"之说。

嫩姜，夏天的通阳好物。中国人食用姜的历史相当悠久，比如宋朝就有喝干姜茶汤的习俗。《水浒传》第二十三回中，西门庆来求王婆，他一大早过来就专点了姜茶来喝。为什么是姜茶？姜有生热作用，故而金圣叹说姜茶是"所以破晓寒也"。

生姜是辛味食物的代表，在它不起眼的外表下，却有一颗很"热辣"的心。夏天早晨正是气血流注阳明胃经之时，此时吃姜，正好生发胃气，促进消化。

每年这个时候，我会做一罐罐泡嫩姜。每一个夏日早晨，煮一碗简单清爽的白米粥，就着几片嫩姜吃完，身心都得到了舒展。

生姜性温，属热性食物，但不用担心泡姜吃多了会上火。腌制姜片的盐是重阴之品，用盐腌过的姜片之后，会比鲜姜稍微寒凉一些，褪去了热性。

泡姜发酵之后的酸，有收敛的作用，让辛辣的姜片变得更平和一些，这样既保留了生姜温中健胃的功效，又减弱了发汗解表的作用，使气在中焦。所以到了夏天，我每天早上必会吃几片泡姜，既不担心上火，又能养肺健脾。

食材：鲜嫩姜 500 克，新鲜大蒜 150 克，鲜青花椒 50 克，小红辣椒 150 克，胡萝卜 1 个。

调料：纯净水 850 克，腌制盐 260 克，白酒 15 毫升，冰糖 7 克。

做法：首先将坛子洗净晾干，确保无油，再把嫩姜清洗干净，切片。将纯净水烧开，晾凉（再次强调不要沾油），胡萝卜洗净切块，蒜去皮，小红椒洗净，所有食材晾干和调料放入坛中，密封 10 天以上，也可多泡几天，会使发酵更充分，酸味会更大。

肉骨茶

肉骨茶是马来西亚的美食之一。说它是"肉骨茶",其实,此"茶"非彼"茶",而是一道以猪肉和猪骨配合中药煲成的排骨药材汤。

相传华人初到南洋创业时,生活条件很差,由于不适应湿热的气候,不少人患上了风湿病。为了祛寒除湿,人们用了各种药材,包括当归、枸杞、党参、桂皮、牛七、熟地、西洋参、甘草、川芎、八角、茴香、桂香、丁香、大蒜及胡椒等来煮药,熬煮多个小时成浓汤,但因忌讳说"药"而将其称为"茶"。

【食材】

排骨————————500 克

【调料】

桂皮————————1 根

丁香————————3 粒

白胡椒粒——————5 克

八角————————1 粒

甘草————————3 克

陈皮————————2 片

桂圆干——————5 个

枸杞————————10 克

红枣————————4 个

大蒜————————10 瓣

老抽————————10 毫升

盐—————————5 克

【做法】

1. 排骨段洗净。

2. 桂皮、丁香、白胡椒粒、八角、甘草、陈皮放入调料盒中。

3. 红枣、枸杞、桂圆泡软。

4. 排骨冷水下锅,焯水3分钟,捞出用清水反复冲净血沫,沥干。

5. 砂锅中加水煮开后,放入肉骨茶调料盒焖煮30分钟后,放入排骨、大蒜、红枣、枸杞。

6. 再次沸腾后转中小火(保持微沸状态)煮约90分钟。

厨房小语　1. 煲肉骨茶的过程千万别把顺序弄颠倒,水煮开——放入肉骨茶包焖煮——加入排骨小火煲——起锅时用盐调味。

2. 煲制肉骨茶时,排骨的选择特别挑剔,一定要选用包着厚厚瘦肉的上好鲜猪排骨,煲出来的肉骨茶才鲜嫩而没有油腻感。

芒种，五月节。谓有芒之种谷可稼种矣。

——《月令七十二候集解》

芒种

芒种，最早出于《周礼》："泽草所生，种之芒种。"东汉郑玄的解释是："泽草之所生，其地可种芒种，芒种，稻麦也。"一收一种，道出了芒种的节气内涵。

说到芒种，想起了《红楼梦》，曹雪芹用"满纸荒唐言"，把人生的波折起伏、无法料想都演绎到了极致。

曹雪芹在《红楼梦》中"发明"了一种民俗"芒种节"。《红楼梦》第二十七回"滴翠亭杨妃戏彩蝶，埋香冢飞燕泣残红"，写道："至次日乃是四月二十六日，原来这日未时交芒种节。尚古风俗：凡交芒种节的，这日都要设摆各色礼物，祭饯花神，言芒种一过，便是夏日了，众花皆卸，花神退位，须要饯行。闺中更兴这个风俗，所以大观园中之人都早起来了。那些女孩子们，或用花瓣柳枝编成轿马的，或用绫锦纱罗叠成干旄旌幢的，都用彩线系了。每一棵树，每一枝花上，都系了这些物事。满园里绣带飘飘，花枝招展，更兼这些人打扮得桃羞杏让，燕妒莺惭，一时也道不尽。"

而《红楼梦》这一回有如此热闹的开场，可到最后，在"芒种节"这天，作者安排了堪称整部《红楼梦》中最精彩的一个情节"黛玉葬花"。

《红楼梦》里所创造的"芒种节"祭饯花神风俗，一如庚辰本脂批所言，无论事之有无，看去有理，不必问其有无。

我合上手中的《红楼梦》，放在桌上，把几朵千日红放进茶壶中，娇艳的淡粉色慢慢洇开，有一点甜蜜，有一点娇羞，还未容细想，馨香之气就扑面而来了。

| 阴动始制阳 |

芒种 15 天，是一年中的阳中之阳，阳气鼎盛。《圆运动的古中医学》一书的作者认为，芒种到夏至阳热升浮至顶，人体中下大虚。夏至，阴气已开始在暗处萌生，就要转阴了。

南方的朋友们，喝芒种汤，通心经，清凉度夏吧。

《黄帝内经》有"脾苦湿，急食苦以燥之"的九字箴言。"苦为火味，故能燥也。"什么是苦味食物呢？如苦瓜、莴苣、苦菜、苦笋、野蒜、枸杞苗等都属于苦味食物。

今年我做的芒种汤是冬瓜苦瓜脊骨汤，食材是冬瓜 200 克，苦瓜 150 克，猪脊骨 200 克，蜜枣 8 颗，食盐适量。做法是猪脊骨洗净，剁成大块。冬瓜、苦瓜分别洗净、去瓤，均切成大块；蜜枣洗净。锅中加入适量清水和猪脊骨烧沸，撇去浮沫，放入全部材料再次煮开，转慢火煲两小时，再加入食盐调味，出锅盛碗即可。

此款汤水具有清热消暑、通便利水、生津除烦之功效；适宜口渴心烦、汗多尿少、食欲缺乏、胸闷胀满、面部有痤疮者饮用。

苦瓜越老越养心，煲汤要选老苦瓜。这个汤喝完人会很舒服，有说不出的清爽，但苦瓜性偏凉，吃时应适量。

对北方的朋友来说，其实过夏天也没有那么复杂，吃面一样能强心补气。元代医家朱丹溪的《茹谈论》曰："少食肉食，多食谷菽菜果，自然冲和之味。"

小麦冬种夏收，面食补心气第一。如果你搞不清自己的体质，就不要擅自吃保健品什么的，吃点正经面食吧，补元气、壮筋骨肌肉。买面粉最好买北方产的，南方湿热之地产的麦面性黏腻，容易生湿。

芒种时节，心气不足、心血不旺时，在夏天的下午会特别容易疲累，所以中午小憩很必要，中午是心经旺盛的时间，午觉特别养心血。

豆豉炒苦瓜

苦瓜不哭，你才没他们说的那么难吃。

苦瓜虽然入口苦，回味却是甘甜。一些人喜欢用盐腌制苦瓜片刻，然后挤出苦瓜汁。其实，苦瓜的精华正在于它的苦味。由于苦瓜性凉，多食易伤脾胃，所以脾胃虚弱的人要少吃。另外，苦瓜含奎宁，大量食用可能会刺激子宫收缩，导致流产，因此孕妇也要慎食苦瓜。

【食材】

苦瓜————————————300 克

【调料】

豆豉————————————10 克

蒜—————————————3 瓣

干辣椒————————————2 个

盐—————————————2 克

香油————————————适量

鸡精————————————适量

【做法】

1. 将苦瓜洗净，剖开去籽后切成片。

2. 蒜切成蓉，干辣椒切段。

3. 苦瓜放入沸水中焯烫至断生，捞出沥干。

4. 锅中放色拉油烧热，加入豆豉、蒜蓉、辣椒，用小火炒成豆豉酱。

5. 放入苦瓜炒匀。

6. 然后加入香油、盐、鸡精翻炒均匀即可出锅。

厨房小语　　1. 苦瓜焯水可去掉一部分苦味，但不宜时间过长。

　　　　　　2. 豆豉有咸味，盐可酌量食用。

鸤始鸣

周末，就是父亲节了。

在我们菲薄的流年里，母亲给予的多是温暖的晨粥夜饭，而父亲给予的多是"王侯将相宁有种乎"的鸿鹄之志。

曾经，我与父亲闻着老屋外面的合欢树在黄昏里发出的奇异的香，听着父亲絮絮前尘旧事，与他舐犊共宴，那段时光是我人生中最美的时刻。

我与家、与老屋有关的最早的记忆，是十几岁的时候。被父亲送到县城去读初中，第一次离家的我，常常偷着跑回家去，伙食不好不过是一种借口。

开学月余，大家慢慢熟络，有一天上午，我拿着一个收拾得整整齐齐的包袱对同屋的同学说："我走了，回家。"

回到家，父亲的神情显得非常严厉，连撒娇也不管用，我又乖乖地被遣送回去了。

如今，多少次梦回故乡，父亲总潜入我的梦里，附身在耳畔柔声叮咛，让我不管走多远，飞得多高，黄昏日暮之前记得回家。

| 祛暑湿 |

红豆薏米，用 2000 多年时间认证过的祛湿方法，可你为什么吃了就是不管用呢？

到了芒种，南方已进入梅雨季节，地域不同，梅雨到来的时间点也有所不同。但不论出梅还是入梅，芒种对梅雨时节来说都是一个重要的时间参照节点。

此时，夏天的意味已经非常浓郁了，"暑多挟湿"，湿邪跟暑邪一勾搭，就易形成"暑湿"，在身体中作祟。

湿邪有外湿和内湿之分。外湿就是指自然环境中的湿气，比如雨淋、居处潮湿等。内湿的来源也很多，饮食无度，多会导致脾胃不能运化，产生湿气。

湿浊郁积日久可化热，湿气就会变成痰样的黏浊物质，湿热就变成痰湿。身体发胖，长痘痘，大腹便便，无理由腹泻或便秘，或大便黏黏的冲不干净，多是痰湿体质的表现。

这时吃薏米红豆之类单纯去湿邪的食物已经没用了。

薏米祛湿的功效，我们的先人在 2000 年前就已经认识到了。据《后汉书》记载，南方天气湿热，用薏米祛湿的效果就已经得到人们的肯定了。

很多人每当湿气重引起上火症状时，就会来一碗清热祛湿汤，却不知祛湿汤多是以寒凉之物清热的思路来祛湿的，也就是说偶尔喝几次可能有效，但喝久了是会伤脾阳的，长期如此只会让身体越来越湿。

痰湿的人祛湿的同时一定要健脾，补脾阳。说到健脾，会想到吃山药，山药其实对祛湿帮助不大，因为山药功效更在于调理脾阴虚。健脾的食物，还有土茯苓、五指毛桃、莲子、芡实、白术、干姜。

陈皮可称为夏季饮食一宝，入脾、肺经，有行气健脾、调中开胃、理气燥湿的作用。气虚体燥或者是有实热的人，不适宜服用纯陈皮水，但可适量增加一些白术、茯苓等一起泡水，这样不仅能够理气，同时健脾的效果也非常不错。

祛痰湿小茶方，健脾燥湿，化痰祛脂，不可错过。

陈皮茯苓茶：将茯苓 5 克、陈皮 2 克洗净，放入保温杯中，冲入热水，等 5 分钟即可饮用。

陈皮扁豆山药茶：山药 30 克，炒过的白扁豆 30 克，陈皮 3 克。三者水煎取汁，可加糖调味。

柠檬拌乌鸡

总是用乌鸡煲汤喝的朋友，到了该更新一下食谱的时候了，不妨做一个柠檬拌乌鸡哟！

柠檬，富含维生素 C、柠檬酸。酸味能敛汗、止泻、祛湿。一些酸味的水果具有祛暑益气、生津止渴的作用，适度进补一些酸味食物，还能预防流汗过多而耗气伤阴。

乌鸡的营养远远高于普通鸡，乌鸡肉中所含氨基酸和铁元素均比普通鸡肉高很多。人们称乌鸡是"黑了心的宝贝"，吃起来的口感却非常细嫩。

【食材】

乌鸡————————半只

香菜————————2 根

小米椒————————5 个

柠檬————————1 个

【调料】

盐————————2 克

糖————————2 克

大蒜————————5 瓣

大葱————————1 段

生姜————————1 块

八角————————1 粒

花椒————————10 粒

香叶————————2 片

香油————————适量

【做法】

1. 锅内放清水，将姜、葱、花椒、八角、香叶入锅中煮开后，放入乌鸡煮熟，再浸泡10分钟后捞出。

2. 香菜切碎，姜切丝，半个柠檬切丝，蒜、小米椒切末。

3. 将晾凉的乌鸡肉撕成条。

4. 加入姜、蒜、小米椒、香菜、柠檬丝。用力挤尽半个柠檬的汁。

5. 加入盐、糖、香油，拌均匀入味即成。

厨房小语　　　用青柠味道更佳。

时值仲夏，那是端午的节气，在暮风里闻得见暑日的味道，有一丝薄香，又有些浓酣的朦胧。

中华民族的每一个传统节日的由来，都有一个美丽的浪漫故事在等着你。

端午节也不例外，有源于纪念屈原之说，吴均《续齐谐记·五花丝粽》中："屈原五月五日投汨罗水，楚人哀之，至此日，以竹筒子贮米，投水以祭。"小小的一枚粽子，蕴含的历史文化却很深刻。

于我，端午不知道该怎样来述说，只能是一句：五月榴花照眼明。

曾记得小时候，外婆在端午之日，会给我的小辫子上插上一朵火红的石榴花，一路幽芳伴我。

端午摘石榴花，以辟攘邪气疫气，源自"天中五瑞"的说法。石榴花为吉祥花，利于避邪，与菖蒲、艾草、蒜头、龙船花一起被列为"天中五瑞"。

据说捉鬼的钟馗，亦是五月石榴花的神。因此，端午节到来时，摘几朵石榴花戴在头上，可以镇毒驱邪。《帝京景物略》云："五月一日至五日，家家妍饰小闺女，簪以榴花。"

端午节吃的不只是粽子。

民间多认为：五月为毒月，有"五毒"之说，即蛇、蜈蚣、蝎子、壁虎和蟾蜍，避"五毒"也是过端午节的初衷之一。

食"五黄"：在南方，江浙一带有端午节吃"五黄"的习俗。五黄指黄瓜、黄鳝、黄鱼、咸鸭蛋黄、雄黄酒。古人认为，黄色可以解毒制煞，虽有些迷信，却也是按节令保健养生的做法。

吃"五毒饼"：在北方，"五毒饼"是端午节不可缺少的食物，端午节时要到饽饽铺去买五毒饼食，相传该习俗源于元代。

《金瓶梅》中，西门庆在端午节宴会上特意端出了"五毒饼"，也证明它是一种很讲究的端午节点心。"五毒饼"其实就是以五种毒虫花纹为饰的玫瑰饼，只不过是用刻有蝎子、蟾蜍、壁虎、蜈蚣、蛇"五毒"形象的印子，盖在酥皮儿玫瑰饼上罢了。

饮端午茶，是家乡一种古老鼎食文化的习风。据村里的老人讲，端午节家家户户都会上山，按照自家的传统，采百草煮端午茶。端午茶有清热解暑、辟秽驱邪的功效。

在端午节要吃的食物中，粽子不易消化，而端午茶却是一种养生药茶，更像是饮食天地中引路的人，余韵怡然地与美食恬淡相合。

| 驱瘴毒 |

"门前艾蒲青翠，天淡纸鸢舞。"这是苏轼的端午。端午在门上悬挂菖蒲、艾叶等，也称菖蒲节，想想已有好多年不曾采得艾蒿了，竟不知哪里还采得到。只得在早市买了些，连同葫芦一起挂在门边。

只是那葫芦，再没有小时候母亲自己制作的鲜暖、亲近了，失去了些什么似的，总是浮了层淡淡的东西。

据载，端午时节，自周朝就开始流行用香汤沐浴洁身，以辟攘邪气疫气，至唐宋时，称五月为"浴兰令节"，是洗药浴的好日子。宋明期间，这种香汤浴传入民间，逐渐形成一种习俗，人们会选用不同的药浴防病。到了清朝，药浴多用于疾病治疗和康复。

端午五枝汤药浴方：取槐枝、桃枝、柳枝、桑枝各 30 克，麻叶 250 克。将五种药物用纱布包好，然后加入清水浸泡半小时，倒入锅中煎煮 20 分钟左右。取煎煮好的药液，倒入适量清水，进行洗浴即可。这种药液既可全身浸浴，亦可用于局部泡洗，每周洗两次，效果更好。此药浴可疏风气、驱瘴毒、祛暑湿。

古法苏木枧水粽

古老的苏木枧水粽，肉色金黄透明，隐隐透出一枝红木，晕出一抹殷红，甘脆可口，去湿健脾。

枧水粽，顾名思义就是加了枧水的粽子。所谓的枧水，是祖先们用草木灰加水煮沸浸泡一日，取上清液而得到的碱性溶液，实际是土制植物碱。如今枧水可以用食用碱自制，也可在网上购买。

苏木是一种中药材，有祛痰、止痛、活血、散风之功效。苏木枧水粽，吃时蘸以白糖或蜂蜜，口味更佳。

【食材】

糯米	1000 克
枧水	50 毫升
苏木	适量
粽叶	适量

【做法】

1. 糯米淘洗干净，加冷水没过糯米，浸泡 2 小时。

2. 锅中加水大火煮开，放入新鲜箬叶煮 3-5 分钟（干粽叶煮 15 分钟），煮时须用筷子将箬叶完全压入水中。取出煮过的箬叶放入冷水中浸泡，这样可以使其保持绿色。

3. 捞出糯米放入竹滗中沥干，倒入枧水，拌匀。

4. 糯米会即刻变黄。

5. 苏木切成条。

6. 取出箬叶，将光滑的一面向上，从箬叶尖端向后 1/3 处弯成漏斗状，将漏斗底部封闭。在漏斗中放入糯米，并在糯米中间插入一根苏木条。

7. 用米填满漏斗，将漏斗状箬叶多余的部分向前覆盖住米，压紧。

8. 用棉线将粽子扎紧。

9. 粽子放入锅中，加水没过粽子。如果粽子漂浮在水面，可以用一个盘子将粽子压在水中。大火煮开后，调成小火煮 3 小时，然后加盖浸泡闷 2 小时即可。

厨房小语

1. 粽子蘸着白糖和蜂蜜，味道无比鲜美。

2. 自制枧水的比例是 1 克碱面加 10 克水，即 10 毫升枧水。也可以在网上购买。

夏至，五月中。《韵会》曰：夏，假也，至，极也；万物于此皆假大而至极也。

——《月令七十二候集解》

夏至

鹿角解

老北京炸酱面，一碗面关系着北京人的半条命。

夏至的北京，骄阳似火。蝉鸣四起的晌午时分，正是属于炸酱面的时刻。

自清代起流行"冬至饺子夏至面"的说法，清代潘荣陛的《帝京岁时纪胜》里，写夏至吃面的习俗："是日，家家俱食冷淘面，即俗说过水面是也。"

炸酱面在北京人心里的地位非同一般，《四世同堂》里，常二爷进城给祁老爷子祝寿，祁老爷子说："你这是到了我家里了！顺儿的妈，赶紧去做！做四大碗炸酱面。煮硬一点！"炸酱面作为一种过日子的普通吃食，自带温情的细节。

在老北京人看来，"京味儿"过分浓厚的餐厅里，客人刚进门，招呼声就到耳边了："来啦您呐，里边儿请！"那种用托盘端上来的"小碗干炸""七碟八碗"的阵仗，不过徒有其表，气派得犯规，炸酱面的灵魂他们根本没摸到。

北京炸酱面的灵魂藏在北京人自家的厨房里，在北京胡同里的大杂院里，街坊四邻在吃饭口儿聚在一堆儿，端着碗炸酱面，碗里搁一根脆黄瓜，手里捏着两瓣蒜，咬一口黄瓜，吃两口炸酱面，吃一口蒜，一边吃面一边聊天，还不耽误下棋。

老北京炸酱面有讲究，要求面条柔韧筋道，炸酱浓稠醇香，菜码清爽水灵，讲究八小碗，有黄瓜、香椿、豆芽、青豆、黄豆、水萝卜丝、白萝卜丝、蛋皮丝等，丰俭由人。真正的京城"吃主儿"，都懂得吃滋味最足的应季菜：比如春有香椿、夏有黄瓜、秋有萝卜、冬有白菜，过了时令，再想吃这口儿，等来年吧。

一碗酱香醇厚的老北京炸酱面，被无数琐碎的生活细节填充得丰满，这一点朴素中的"讲究"代代相传，最终成了北京人难以忘怀的家常味道。

今日夏至。"日北至，日长之至，日影短至，故曰夏至。"

阳气到达极致，但"盛极必衰"，《易经》中乾卦的卦辞"上九：亢龙，有悔"，对应的就是夏至。

夏至北半球各地的白昼时间是全年最长的，阳气也是一年中最旺的；夏至后一阴生，阳气转弱，阴气始生，也是所谓"阴阳争死生分"的时节。

一年最重要的两个阴阳转换的节点，是冬至和夏至。夏至时节，盛阳覆盖于其上，阴气始生于其下，人的阳气虚浮在体表，体内的五脏六腑正是最空虚的时候，体内阴寒，心阴不足，很容易心烦、失眠、燥热、上虚火，甚至心悸不安，引发心脏病。

心脏病不只是在冬天易发，每年的盛夏是心源性猝死的第二个发病高峰期。

一年中有两个养心的大日子：冬至和夏至。

夏主心，夏至时养心安神是重点，此时火毒湿重，所以还要祛湿才补得进去，可以从一碗夏至汤开始。

用酸枣仁、莲子、赤小豆、桑葚干一起煮一碗养心汤，能养心，扶助心气，兼除湿热，帮你扶住正气，避免湿热外邪伤心。

在这个食谱中，酸枣仁对养心、平肝理气、润肺养阴、温中利湿等很有益，是扶助心气的良药。桑葚，水果中的"乌鸡白凤丸"，可滋阴，可养血。而莲子，清心醒脾、补脾止泻、养心安神、滋补元气，也是养心健脾、除湿热的良品。赤小豆，李时珍称其为"心之谷"，能利水除湿、补血脉等，对除湿热是很有益的。

养心汤全方以养心食材为主，全家人均可饮用，尤其是在暑夏季节，可作为养心除湿热的常服佳品。

紫甘蓝、黑豆、黑米、紫米、红苋菜、葡萄等富含花青素，另外，苹果、猪心等也都是不错的养心食物。

红酒樱桃

吃不胖的清凉甜品，才是夏日解药。

仲夏天气，最当季的鲜果就是樱桃。古代典籍中"仲夏之日以含桃先荐寝庙"，说明有樱桃作为祭拜品及"贡品"的记录。

樱桃，正是夏日最适宜的补养身心的食物。中医认为，樱桃可以补心气、养心血，国外的营养学者甚至将樱桃视作心脏的"阿司匹林"。

红酒是由葡萄发酵而成的，对心血管疾病大有好处以外，同时还有延缓神经细胞衰弱的作用。将这两样食物搭配起来，可以称得上是名副其实的健康甜品。

【食材】

柠檬汁　3克

红酒　345克

白砂糖　140克

樱桃　500克

1. 樱桃清洗干净后，去核。

2. 樱桃和白砂糖放入碗中腌制 30 分钟。

3. 腌制好的樱桃放入锅中，倒入红酒。

4. 烧开后，转小火，需要不停地搅拌，以免粘锅。

5. 煮至樱桃浓稠，放入柠檬汁搅拌均匀就可以了。

厨房小语　　如果不喜欢樱桃有块状，也可以把樱桃打成泥，再熬制。

蜩始鸣

次候 6月26~30日

和古人相比，现代人的夏日生活，都是凑合。

夏至时节，晌午的蝉鸣有点喧闹，烈日炎炎，拿什么高招来"续命"？如今，冷风机、电扇、空调，各种防暑"神器"层出不穷。空调一开消千愁，凉茶、扎啤、冰可乐解烦忧，在空调房里啃西瓜，或许是夏至时最简单的小幸福。

小时候，没有空调的夏天，在院子里铺一张凉席，和小伙伴躺在上面，数星星看月亮，奶奶摇着手里的蒲扇，给我们扇风。

那时候的夏天总是那么快乐，一把蒲扇、一张竹席，就过一个夏天。

我特别喜欢古代人过夏天的方式，周朝出现的冰鉴，除了保鲜食物和盛冷饮，还可以降低室内温度，是不是很高级的样子？

在清代宫廷剧《延禧攻略》中，冰鉴由黄花梨木或红木制成，在周边放上一圈冰块，中间的瓮里放入时令水果。最"拉仇恨"的避暑期方式，真是应了那句话：哪凉快哪待着去。

陆游、孟浩然等文人墨客选择的是水边纳凉。乘着夕凉，闻着荷香，消解酷夏的躁动。

陆游《桥南纳凉》："曳杖来追柳外凉，画桥南畔倚胡床。月明船笛参差起，风定池莲自在香。"

孟浩然《夏日南亭怀辛大》："山光忽西落，池月渐东上。散发乘夕凉，开轩卧闲敞。荷风送香气，竹露滴清响。"

如此方式来避暑，是不是诗意得让人生恨呢？！

| 南冬北乌 |

以夏至为界，前一个月气温上升突出一个"热"字，之后一个月阴气初升突出一个"湿"字。

夏天热得比较早，网友便纷纷高呼：打败我的不是天真，是天真热。

同样是热，南方的热与北方的热却是两个概念。

南方雨水多，空气中湿度大，呈现一种湿热，这是一种渗入整个南方的热，无孔不入。北方的夏天也是雨季，无论是瓢泼大雨，还是零星散落的小雨、阵雨，过后空气都是清新明净的，是一种干热。

老北京酸梅汤，俨然成了北方的消暑标签，一到夏天，备受欢迎。酸梅汤有什么"神力"，在炎夏让人们如此心心念念呢？

乌梅是酸梅汤的主料，乌梅除了止渴，更重要的作用是收敛元气；山楂可消食、下气、化瘀；甘草补脾益气、解毒；陈皮健脾燥湿；洛神花清凉解渴；桂花辛温，解郁。

洛神酸梅汤方：乌梅 15 颗、洛神花 20 克、甘草 20 克、山楂 10 克、陈皮 5 克、冰糖适量。把乌梅、山楂、甘草、陈皮放入清水中浸泡 30 分钟，然后再和洛神花一起放入砂锅中加入 1000 毫升的清水，大火烧开后转小火煮几分钟，加适量冰糖，喝时调糖桂花。

夏天热得人口渴心烦，又感觉元气虚脱，没有食欲时，就可以喝酸梅汤开开胃，敛一下元气，适合体虚的人保护精气不外泄。

南方雨水多，湿气重，这种情况就不要想着喝酸梅汤了。湿热的南方，想要清凉解暑热，又不凉了脾胃，就熬冬瓜茶。

祛湿热、除心烦的冬瓜茶方：冬瓜 150 克、红糖 50 克、姜 3 片，冬瓜和红糖的比例是 3:1，姜只要一点点就可以。

冬瓜清洗干净，不用去皮去籽，切小块，放入碗中，倒入红糖腌制两小时左右，腌制的冬瓜和水一起倒入砂锅中，另外加一碗水，大火烧开之后放入姜片，转小火熬煮到冬瓜透明，有些黏稠的状态即可。

解暑湿，加红糖和姜就是要扶植身体的正气，更重要的是用红糖的温热、补中虚来消解冬瓜的寒凉，经过熬煮之后，基本上各种体质的人都适合吃。

凉茶紫苏水

紫苏：请叫我夏季最佳配角。

以紫苏叶为主的古饮，最早载于宋代周密的《武林旧事》。在南宋时期，紫苏熟水是当时街市上最流行的饮料。元代诗人方回曾有诗言："未妨无暑药，熟水紫苏香。"

据说宋仁宗将之评为天下第一饮料。明代高濂给的方子是，取叶，火上隔纸烘焙，不可翻动，修香收起。每用，以滚汤洗泡一次，倾去，将泡过的紫苏入壶，倾入滚水。服之，能宽胸导滞。《博济方》的记载则是，将紫苏、贝母、款冬花、汉防己同煮，兼润肺。今宜三分紫苏一分陈皮，姜少许。

想象一下，在炎热的夏季，恰逢赤紫苏收获之时，用新鲜的紫苏叶煮一杯紫苏水，在紫苏独特的香味之中，还能尝到一丝若有若无的姜的辛香，这绝对是夏季最棒的饮品。

【食材】

紫苏叶————————————200 克

南姜————————————————3 片

冰糖————————————————适量

【做法】

1. 紫苏叶去梗洗净，并切上 3 片南姜。

2. 放入锅中，加水同煮。待水沸后，可根据口味，放入冰糖，凉后即可饮用。

厨房小语

1. 南姜可用生姜代替。

2. 如若喜欢口感浓厚的紫苏熟水，可参照改良高濂的做法，用烤箱下火120℃预热5 分钟，紫苏叶隔纸放入烤箱，温度调到 100℃烤 3-5 分钟。烹烤后的紫苏香气浓郁，不同于之前的清香。

夏至杨梅红满山，藏在夏至里的私房梅食方。

超市里水果架上，满眼皆是红艳的杨梅，忍不住咽一下口水，微酸绕齿，勿觉已是杨梅时节。

杨梅也是这个季节的恩物，它能帮助身体敛汗、止泻、祛湿，可以预防流汗过多引起的耗气伤阴，还能帮助生津解渴、健胃消食。

杨梅既是夏日里生津止渴的好水果，也是记忆中关于母亲和故乡的味道的来源。

之前，我从未对它感兴趣，因为它总在一个季节里出现在我的眼前，那时，母亲总会在杨梅上市的季节，泡杨梅酒，做几次杨梅醪。

母亲做的杨梅醪，是私房的、小众的。

母亲做杨梅醪的方法是：先将糯米浸泡，再将糯米蒸成干饭。杨梅用盐水洗净浸泡15分钟，再放入沸水中焯烫灭菌，去核捣碎，放入糯米饭中撒上酒曲拌匀，放在30℃左右的环境中，若是温度不够高，还得给杨梅醪加个热水袋，让其更好地发酵。两三日后开启，一股甘洌的清香芳醇之气猛然窜入肺腑之内。

母亲告诉我，糯米是一种温和的滋补品，有补虚、补血、健脾、暖胃等作用，糯米的这些效果在做成醪糟酒酿以后更加突出。

加了杨梅的醪糟，虽然浓浓的酒味掩盖了杨梅的果香，可是，它的身影还是留在了醪糟里，那么粉，那样艳，如梦方醒般的香艳迷离。

当你把一勺杨梅醪送入口中，初入喉，香甜气颇浓，如一场不知归路，误入藕花深处的艳遇，余味悠长。

| 清暑益气 |

夏至，暑气渐重，人出汗多，汗为心液，出汗太多会大耗元气，就开始出现倦怠、乏力、易疲劳等症状，这是因为暑热

耗伤了气阴。

清暑益气名方生脉饮，是夏天最应季的小补茶方。

生脉饮最早出现在孙思邈的《千金方》里，由人参、麦冬、五味子三味药组成。金元名医李东垣所著《内外伤辨惑论》中记："圣人立法，夏月宜补者，补天真元气非补热火也，夏食寒者是也。"

人参补气。麦冬补阴，而且麦冬还是入心经的。五味子，五行皆备，所以可补五脏。五味子还有一个功效比较突出，就是固涩收敛。夏天阳气总想向外散，而五味子能收敛精气，这样，补的气血就不会乱跑。一个补元气，一个生阴血清烦热，一个收敛气血。配合默契，缺一不可。

夏季，如果是气阴两虚的人，一旦被湿热的夏天逼得伤暑、中暑，困倦、气短乏力，那么就请来一杯生脉饮吧，可谓"虚人抗暑良方"。

也可以自制生脉饮，方法也很简单：每次取人参6克，麦冬9克，五味子4克，切碎后加水煮5~10分钟或用开水焖泡10~20分钟即可，当作茶饮，每周喝2~3天就好。人参可用党参代替。

禁忌也一并说一说吧。感冒、咳嗽、中暑时不喝；舌苔厚腻的湿重体质者不喝，会助湿；还有，孕期不能喝。另外，忌与茶、萝卜同时饮用。

库巴式风干火腿秋葵沙拉

用沙拉爽一"夏"。

库巴式风干火腿，薄得半透明的火腿肉切片，鲜红色瘦肉薄片里夹杂着白色脂肪，红白相间、略带咸味、滋味鲜美。多用于西餐冷热菜、汤类等，亦可制作三明治、汉堡。

库巴式风干火腿搭配秋葵，加入意大利黑醋黏稠而醇厚，味道酸中带甜，令清淡的蔬菜带有香甜的酸味，非常清爽的口感，简单却不失美味。

夏天懒得做饭的时候，不妨来一盘沙拉，它也许会带给你意外的惊喜。

【食材】

秋葵————————————400 克

小番茄——————————5 个

苦菊————————————1 棵

库巴式风干火腿——————5 片

【调料】

意大利黑醋————————15 克

红葡萄酒—————————10 克

橄榄油——————————5 克

盐————————————1 克

糖————————————3 克

柠檬汁——————————适量

黑胡椒碎—————————适量

【做法】

1. 秋葵焯熟捞出，晾凉。

2. 苦菊洗净，切段；小番茄洗净，切块；秋葵切段。

3. 意大利黑醋、红葡萄酒、橄榄油、盐、糖放入碗中，磨上黑胡椒碎。

4. 挤上柠檬汁。

5. 秋葵、小番茄、苦菊放入碗中，放入库巴式风干火腿片。

6. 调入料汁拌匀即可。

小暑，六月节。《说文》曰：暑，热也。就热之中，分为大小，月初为小，月中为大，今则热气犹小也。

——《月令七十二候集解》

小暑

温风至

初候 7月7~11日

俗语：小暑大暑，有米不愿回家煮。热到"绝食"？

是呢！烟火弥漫的厨房，滚热的油锅，做饭变成一件很纠结的事情。

两个人的晚餐更像是应付了事：电压力锅将绿豆煮成汤汤水水，全素的快手菜，荷兰豆、芹菜、藕尖椒炒在一起，葱花六七粒，加盐半勺，香油两三滴，多菜一吃，色香味俱全。

细细想来，看似简单的快手菜，因为个人的搭配不同，也是可以千变万化的。既简单又快捷，短短几分钟就可上桌，最大的特色便是快。

下班时，顺带拎回一个西瓜，沉甸甸的，令人感觉圆满而安乐。

刀轻轻一划，就裂了开来，捧着半个西瓜，黑瓜子悠闲自在地躺在红红的瓜瓤中，拿勺子挖着吃，将红瓤挖尽，制造一个完美的中空半球，然后饮下一汪红汁，立马就感觉到透心凉。

西瓜消夏日暑气，清热生津，解渴除烦。中医里将它称为天然"白虎汤"。但其性寒，贪吃恐伤脾助湿，古人因此称它为"寒瓜"。

用新鲜的西瓜外皮煮成西瓜皮凉茶也未尝不可，只是口感微苦、生涩一些。若想好味，可加入红茶、苹果、玫瑰茶、荷叶等，都是清暑益气、祛湿又滋养的选择。

晒干后的西瓜皮可制成中药西瓜翠衣，是清热燥湿药，具有清热解毒的功效，中寒湿盛者忌用。西瓜霜喷剂就是以西瓜皮为原料制成的。

当你因吃多了白玉团团的荔枝而上火时，可以喝杯翠衣银花饮，用干瓜皮和金银花煎饮代茶消解。

| 盛夏始 |

入夏到现在，几乎天天吃粥也不厌倦，多是白扁豆百合粥，

有时里面加了金黄的玉米渣或者荞麦米。白扁豆真是个好东西，光是揭开锅盖的一刹那，淡淡的香气就让人欢喜。百合要用新鲜的，一瓣瓣如玉白，有些微苦，也有些微甜，这美丽的植物，从花朵到根茎都这么好。

有时也煮白扁豆南瓜粥，橙黄的南瓜切成小块，加入白扁豆和白米一起煮，煮出来的粥是甜的，金黄雪白，食之神清气爽。

李时珍说白扁豆"嫩时可充蔬食茶料，老则收子煮食"。扁豆的嫩荚，炒菜清爽可口，成熟的种子，就是白扁豆。直接用豆子和大米煮粥，是健脾养胃的最经典吃法。

白扁豆味甘，入脾胃经，是一味补脾而不滋腻，除湿而不燥烈的健脾化湿良药。《本草求真》里记载白扁豆："多食壅滞，不可不知。"这是豆类共有的一个特性，食用过多容易气滞，让人感到腹胀，所以白扁豆可以常吃，量不宜过多，抓十几粒煮碗粥，就是一道健脾养胃、消暑化湿的营养粥膳。

如今人们的生活中，湿邪无处不在，而在夏天，这个湿一遇到热就变成了"湿热"，"湿"与"热"纠缠在一起，是很麻烦的，所以会出现胸中满塞发闷，或出现口苦、湿疹、小便赤短、女性白带浑浊黏稠等。

出自《寿世青编》的绿豆扁豆饮方，取白扁豆 30 克，绿豆 50 克，将二者洗净放入砂锅，加适量水，煮到豆子都熟烂为好，然后滤渣取汁。每日一剂，空腹时可以随意饮用。它能很好地帮助你清热解毒，健脾化湿。

白扁豆"中和轻清，缓补"，就是药性不够强劲，最好炒制一下，炒到颜色微黄有些焦斑的时候为好，可以增加它的温性，在健脾的基础上加强止泻的效果。

撸串

没撸过串儿，还叫什么过夏天？

近几年，夏日标配就是啤酒、小龙虾。退去了白天的炎热，晚风里夹杂的香气，那就是烧烤的味道。

韩式辣酱烤里脊串，用的是猪里脊肉，如果你喜欢，也可以用这个酱料腌制牛里脊来烤。韩式辣椒酱和韩式辣椒粉，在超市或网上都可以买到，有中国产和韩国产两种，中国产的相对便宜，味道同样好。

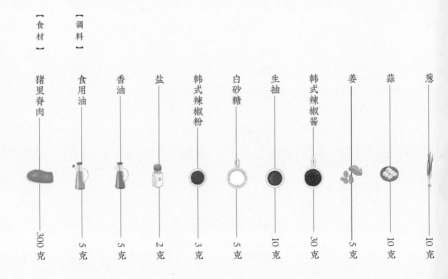

【食材】

猪里脊肉 300克

【调料】

食用油 5克

香油 5克

盐 2克

韩式辣椒粉 3克

白砂糖 5克

生抽 10克

韩式辣椒酱 30克

姜 5克

蒜 10克

葱 10克

1. 把里脊肉切块，放一个大碗中，加入辣椒酱、生抽、白砂糖、辣椒粉、盐、香油和葱、姜、蒜搅拌均匀。

2. 将肉片和酱料充分抓拌均匀后，盖上保鲜膜，腌制一小时。

3. 用竹签将肉块串好，放到烤架上，刷上一层食用油。

4. 烤箱预热180℃，待烤箱预热后，将烤架放入烤箱，上下火，中层，烘烤15分钟左右，中间翻面一次。烘烤时间依自家烤箱而定。

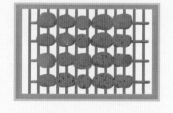

厨房小语　　1. 如果家里刚好有橙子，在腌制肉片的时候，往调料中挤入一些橙汁，这样更能增加香甜的口感，肉片的口感会更加软嫩。

2. 里脊肉很容易烤熟，千万不要烤时间太久，否则影响口感。

蟋蟀居壁

次候 7月12—16日

小时候在南方时，自家院里有竹，一到小暑时节，母亲就会采些竹叶煮粥或煮茶。锅中的水烧开后，丢下数片竹叶，煎一小会儿，水就变了颜色。成了一锅清香、碧绿的竹叶茶，那透明的翡翠般的绿色逼人，给人的心境一抹清冽的快意。

竹叶是中医一味传统的清热解毒药，可清心火、利小便、除烦止渴。竹叶茶有着典型的竹叶清香，清爽怡人，微苦、微甜，可清心火，养心消暑。

如果你嫌竹叶茶过于清淡的话，可以再泡杯三叶茶，即再加上荷叶和薄荷叶。荷叶入心、肝、肺三经，有清暑利湿、生津止渴的妙用。薄荷则可醒脑安神、散热解毒、疏风散热，还可令口气清新。三者用水煎，每日喝一杯，甘甜中透着清凉，竹叶的清香在口中淡淡的，无可，也无不可。

清晨是采竹叶的最佳时间，竹叶纳晨之清凉，饮露水之精华，此时的香味是最醇正的。

母亲煮粥时，将米小心地倒入锅中，再放进竹叶，先用大火煮沸，再改文火慢熬，不一会儿房间里就会被淡淡的竹叶香气充斥，一口灶，就这样把清晨煮成了香气弥漫的粥，清洗了残梦。

端上桌的竹叶粥，微黄淡绿，浓稠生香，低眉之间，天然的味道，有一种孤芳自赏的香，如竹，枝节丛生，叶叶心心又都关情。

有一次，返程时，我特意嘱咐母亲："给我带上一包竹叶，等我想您的时候，就熬粥喝。"母亲笑了，给我带了足足一大包。

闲暇时，我特意取一些竹叶，熬一锅像母亲那样带着日晒之气的竹叶粥。

| 滋阴养阳 |

为什么说阴阳互根呢？

人的阳气从旺盛的顶点慢慢下降，"阳盛于外而虚于内"，所以要注意养阳。但是，阴阳不仅是对立面，还是互相长养的。

阴阳互根，补阳应先补阴。阴如油灯的油，阳似油灯的灯芯火，油寡时独挑灯芯而旺火，岂能长久？而病大都是从伤阴开始的，病情发展到阳虚阶段时，多半已经是阴阳两虚了，少有阴足而阳独虚者。故补阳药一般不单用，而是和补阴药配伍使用，比如张仲景的肾气丸组方。

为什么有些人吃点阳气旺的荔枝、龙眼、榴莲、羊肉就上火呢？就是因为阴不纳阳，身体的阴制不住阳，阳气虚浮，引起咽喉干、肿痛、牙痛、眼睛红，这时补阳气根本补不进去。

此时清火更是不行了，得滋阴。滋阴，是为了阳气更好地收敛，把阴养足了，就能紧紧锁住阳气不外越了，也就达到阴阳和合的完美境界。

还得知道一些滋阴敛阳的食物，怎么吃才能最终把阳气变为自己的。莲子、淮山，这两种食物既可健脾，又有助于敛藏阳气，性味甘平，不燥热，不寒凉，搭配瘦肉用来煲汤，放几片姜，都可以滋养阴液，帮助阳气收藏，而且极平和，全家老少都可以喝。

用石斛、茅根、马蹄、玉竹来炖肉汤，是极好的养阴汤。家里有银耳、燕窝的，也可以炖起来。酸酸甜甜的酸梅汤、柠檬蜂蜜水，也可以养阴，酸甘是能化阴的。小暑时节，南方多瘴气，湿热太重，人在这种环境里，必须得经常清扫身体的湿热。可用五叶参煮茶喝，五叶参也叫五叶绞股蓝，被称为"南方人参"和"东方神草"，它味甘，性温和，一般长期喝无任何毒副作用，且有清润透心之感。它补阴养阴的速度特别快。

说到绞股蓝，常见的有五叶和七叶之分，五绞股蓝叶茶，喝完就像在大热天里给自己找了块树荫，燥火全无，自然清凉。七叶绞股蓝性寒，其口感清苦，喝多了不行，但是解毒性强，更适合入药。

小暑汤：乌梅三豆饮

古人将小暑节气的饮食概括为：三花三叶三豆三瓜。

三花是指金银花、菊花和百合花；三叶是指荷叶、淡竹叶和薄荷叶。三花三叶适合冲泡成茶，是消暑佳品。

三豆是指绿豆、赤小豆和黑豆，不仅清热除暑、健脾利湿，还能祛痘除痱子；三瓜是指西瓜、苦瓜和冬瓜。

三豆饮的方子出自宋代医学著作《朱氏集验方》。三豆饮微甜而清爽，既是糖水，也是味道超好的药茶。三豆饮解盛暑之毒，还能祛痘、除痱子，小孩子也可以放心喝。

根据自身情况加的小暑三豆饮配料：爱出虚汗，再加麦仁；心火旺，加带芯莲子；脾胃虚寒、易腹泻，加大枣生姜；心血虚，加龙眼肉。

乌梅三豆饮是在三豆饮的基础上加了一味乌梅，喝起来像是一杯酸梅汤，总是让人感觉带着古老的味道，味浓而醇，甜酸适度。

【食材】

红豆————————30 克

黑豆————————30 克

绿豆————————30 克

乌梅————————40 克

【调料】

冰糖————————适量

【做法】

1. 红豆、黑豆、绿豆洗净，浸泡 2 小时。

2. 砂锅中放入红豆、黑豆、绿豆，加适量清水。再放入乌梅。

3. 大火烧开，转小火煮至豆子软烂；放入冰糖煮化即可食用。

厨房小语　　　红豆也可换成黄豆。

夏至后第三个庚日，入伏。南方闷热，北方高温。

按农历算，此时通常是六月初。农历六月是江南一带最炎热的时候，苏州人一抒发热之感慨，就说"大六月里"。一个"大"字，包含了多少关于热的"超级""无边"的感叹啊！

顾禄的《清嘉录》里，引农谚云："六月宜大，瓜茄落苏笋来坐。"又是一年的六月天，是茄子隆重上市的时节。过去只有在夏天才能吃上茄子，而如今不管何时何地，都可以随意品尝。

茄子，古时叫落苏、昆仑瓜、草鳖甲等。落苏是古语，亦称酪酥，茄子味道似酪酥，因味得名落苏。

念一念落苏这个词，会有一种非常特别的感觉。然而，对我来说，茄子仍然还是茄子。

张爱玲说过，"看不到田园里的茄子，到菜市场上去看看也好——那么复杂的、油润的紫色"。

茄子几乎适合所有的烹饪方式，清代袁枚在《随园食单》中记载过几种茄子的吃法，一是把茄子切成小块，不去皮，入油灼微黄，热锅油爆炒；二是把茄子蒸烂划开，用麻油米醋拌，夏令时节做冷食吃，特别开胃；三是把整条茄子削皮，滚水泡去苦味，猪油炙之，炙时须待泡水干后，用甜酱水干煨。

《红楼梦》中的那碗"茄鲞"，是"把采下来的茄子，把皮刨了，只要净肉，切成碎丁子，用鸡油炸了，再用鸡脯子肉并香菌、新笋、蘑菇、五香豆腐干、各色干果子，俱切成丁子，用鸡汤煨干，将香油一收，外加糟油一拌，盛在瓷罐子里封严"。

也许这是世间最奢华、最富贵的茄子了，用几只鸡来做一碗茄子。"茄鲞"至今依然虚幻在《红楼梦》里，好似美人如花隔云端。

| 伏闭不出 |

入伏，代表着长夏的开始。

《汉官仪》曰："伏日万鬼行，故尽日闭户，不涉他事。"古人认为，伏就是阴气，三伏天时，阴气迫于阳气而藏伏，故名"伏"，所以应该闭门在家，"伏藏"起来，古代的"入伏日"是休假一天的。

入伏后，高温多雨，毛孔扩张，湿热会乘虚而入，若人体正气不足，或因天气炎热而嗜食生冷，以致水湿内停，往往容易受暑热兼湿邪而病。

三伏天虽然湿热难当，却也是清热祛湿的好时节，这一段时间好好清热祛湿，否则错过了就要再等一年了。

三伏天人体的阳气都浮在体表，五脏六腑是寒凉的，此时再吃冰棍、雪糕之类的冷饮，相当于雪上加霜。尤其是一到冬天就特别怕冷、手脚冰凉的人，本身寒气就重，再吃就更寒到骨髓了。如果能坚持一个三伏天不碰冷饮，即使不专门去冬病夏治，体内的顽固寒气也能自己驱逐大半。

清热解毒的茶饮有很多，像薄荷陈皮茶、金银花茶、菊花茶等，这些茶都不错，尤其是薄荷陈皮茶，是用蒲公英、荷叶、陈皮混合泡茶饮，在清热解毒的同时，又能健脾祛湿。

祛湿排寒的薏米姜粥，食材有薏米、麦子、小米、蜜枣、生姜，做法是薏米、麦子提前泡 2 个小时，然后所有材料一起入锅，煮成粥。

薏米祛湿；麦子养心除烦、益肾、健脾，同煮还能增加甜香；小米是养胃第一谷物，就不用多说了；蜜枣，调胃补虚的好东西，广东人煲汤少不了的秘密武器，用在这里是增加甜味，代替糖类；生姜祛寒湿、健胃止痛。薏米、麦子须等量，蜜枣多放甜味才突出，生姜也不能吝啬，需要多放些才有浓郁的治愈感。

红酒番茄羊肉片汤

入伏了，拒绝寒凉之物是对自己最大的爱。

入伏后吃什么？入伏吃羊肉（适量）意外不？都觉得大热天吃羊肉会燥热，错！

在民间有"彭城伏羊一碗汤，不用神医开药方"之说法，徐州的夏天，不得不提到的就是"伏羊节"，"没有一只羊能活着离开伏羊节"，可见徐州的吃货们真是把羊肉当成消暑的美食。

大热的天，做个快手的红酒番茄羊肉片汤吧，因用的是羊肉片，下锅后几分钟汆熟即可上桌了。

【食材】

羊肉片————————200 克

番茄————————1 个

红葱头————————2 个

【调料】

红酒————————30 克

高汤————————500 克

番茄酱————————20 克

盐————————适量

黑胡椒————————适量

香菜————————适量

【做法】

1. 番茄去皮，切块；红葱头切块。

2. 锅中放油，下番茄酱炒出红油，放入红葱头炒香。

3. 倒入红酒。

4. 下番茄炒软。

5. 倒入高汤煮开。

6. 下羊肉片，煮熟，调味出锅。

7. 食用时撒黑胡椒、香菜。

大暑，六月中。解见小暑。

——《月令七十二候集解》

大暑

腐草为萤

初候 7月23~27日

俗语说："六月苋，当鸡蛋；七月苋，金不换。"

记得小时候，看着母亲把苋菜夹到我的碗里，那胭脂般的苋菜汁，让白米饭刹那间染成粉红，如同泼了一盏胭脂，迫人眼目，只觉得无限的喜悦，无限的美，柔艳到太妖娆，太曼妙。如此惊艳，征服了我。

后来，看张爱玲的散文《谈吃与画饼充饥》，她写道："有一天看到店铺外陈列的大把紫红色的苋菜，不禁怦然心动。但是炒苋菜没蒜，不值得一炒。"张爱玲还写过："在上海我跟我母亲住的一个时期，每天到对街我舅舅家去吃饭，带一碗菜去。苋菜上市的季节，我总是捧着一碗乌油油紫红夹墨绿丝的苋菜，里面一颗颗肥白的蒜瓣染成浅粉红。"苋菜，让张爱玲写得如此有意象，热闹的底子上缀满生命的冷清，也看到了张爱玲的才情与蚀骨的薄凉。

苋菜就是这样的菜，炒食，素味清而淡远甜悠；凉拌，则有一股使人肺腑之内有清气浸润的意外韵味，仿佛可以填入《忆江南》的清丽小令里。

母亲做的苋菜炒饭，加上蒜末、盐，再淋上几滴熟香油，无须太多的渲染，便可使得一碗白米饭桃之夭夭，灼灼其华了，不由发出一声最美的叹息。

每年一季的苋菜，不会在市场上停留太久，喜欢这抹妖娆、曼妙的朋友们，千万不要错过。

｜夏食姜｜

姜，是个被神话了的食物，都知道吃姜对身体有益，所以乱吃的人可真不少。

孔子有一年四季不离姜的习惯，他在《论语·乡党》中有"不撤姜食，不多食"之说。南宋朱熹在《论语集注》中说："姜能通神明，去秽恶，帮不撤。"

俗话说"冬吃萝卜夏吃姜，不劳医生开药方""早上三片姜，赛过喝参汤"。也许会有人说，夏天这么热，吃姜会不会上火？

其实生姜辛温，功效在于温补，具有促进血行、祛散寒邪的作用。所以生姜能把体内多余的热气带走，也能把体内的湿气、寒气一同带走。

生姜是生发阳气的，而早晨七到九点钟，气血刚好流注阳明胃经，这个时候吃姜，能生发胃气，促进消化。而午后阴气开始升起，阳气开始收敛，所以晚上不宜吃姜。

姜茶，是一种历史悠久的饮品，三伏天是最适宜喝姜茶的时节。把生姜切片或切丝，在沸水中浸泡十分钟后，再加蜂蜜调匀，即成姜茶，可每天喝上一杯。或者将少许茶叶、几片生姜放入锅中加水煮，十分钟即可，可在饭后饮用，觉得辣的话，加点糖。

"朝含三片姜，不用开药方"，把生姜洗净切成薄片，每天含上三四片，作为保健方法来说，最是轻松有效。

姜汁撞奶，可能很多北方人没吃过，却是番禺最著名的传统小食，已有100多年历史。它形似豆腐花，口感爽滑香甜微辛，却能驱寒养胃、美容养颜。

生姜藕汁：将莲藕、生姜放入料理机中打成汁，过滤后倒入锅中，加入一倍的清水和适量冰糖，煮开即可。有散寒清热、生津和胃、止呕的作用。

有人常年喝姜茶，说实话，不太好。凡属阴虚火旺、目赤内热者，或患有痈肿疮疖、肺炎、肺结核、胃溃疡、胆囊炎、肾盂肾炎、糖尿病、痔疮者，都不宜长期食用生姜。

大家往往记住了孔子不撤姜食，忘记了人家也是"不多食"的，要谨慎吃姜，吃得不合适会过热伤肺。

原盅椰子鸡汤

不加一滴水的原盅椰子鸡。

原盅椰子鸡，椰子既是容器又是食材，鸡汤清淡、鸡肉嫩白，保持了原汁原味的鲜嫩，尝一口，椰子和鸡肉混合出别具一格的清甜，非常适合夏天食用。

超市里现在有开口的椰子，不用再费劲开椰子了。椰子要选分量较重的，再摇一摇，感觉里面有很多汁水，就是好椰子。

【食材】

红枣　6个

枸杞　15克

土仔鸡　半只

椰子　2个

【调料】

盐　2克

料酒　15克

葱　1段

姜　3片

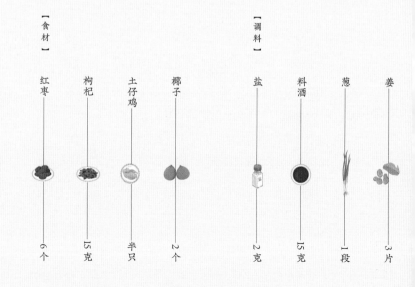

1. 在超市选购开口的椰子。从开口倒出椰汁。

2. 红枣、枸杞泡软。

3. 鸡肉砍成小块，2 个椰子配大概半只鸡就够了，在鸡肉里加姜、葱、料酒和适量盐。用手抓至黏手起胶，蒸出的鸡会特别嫩滑。

4. 鸡肉直接塞到椰子壳里，放入姜片、红枣、枸杞。倒入椰汁，注意不要加水，这样做出来的鸡汤才够鲜甜，才能称之为原盅。

5. 盖上之前切下来的椰肉，将椰子放在一个小碗上面，放入蒸锅中。盖上盖子，大火烧开后转中火炖蒸 1 小时，这道原盅椰子鸡就做好了。

厨房小语　　　最好选择小土鸡，油少不腻，才能与椰子的清爽相搭。

土润溽

大暑已到，该热的风，该下的雨，该响的雷，该长的果，都一一经过。

暑假是夏天里最美好的时光，可以去农村奶奶家"疯"。农村的夏夜，菜地的菜，夜里也在生长，风拂过西红柿的秧，再卷进红薯稠密的叶丛。

葡萄架上的藤蔓延着，葡萄架下，躺进爷爷的竹椅，脚前放一木凳，整个人平躺着，入夜时的闷热，也被风消散得一丝不留。清凉的惊喜，是这炎炎夏日里幸福的满足，不要笑我一下子跌回过去那个年代。

《生命中最美好的事都是免费的》这本很简单的书，记录着我们平凡生活中很容易被忽略的小细节。在忙碌纷繁的都市生活中，我们的心渐渐遗失了对美好生活的想象，有时候就是这些平淡无奇的小事情，会让人会心一笑。

年龄越长，越是怀旧。陆游有诗："白发无情侵老境，青灯有味似儿时。"每回头看去，儿时的记忆最纯真、最亲切，随着那些记忆的回落，带有莫名其妙的惆怅的痕迹，更像黑白的旧电影，什么时候想起都有刹那间难忘的时刻。

| 二伏面 |

流传3000年的"养生汤"，不来一碗真对不起自己啊！

民间有"头伏饺子，二伏面，三伏烙饼摊鸡蛋"之说。无论是饺子、面条，还是烙饼，都属于面食。那么，三伏天为什么要吃面食呢？

伏日吃面，这一习俗三国时期就已开始了。《魏氏春秋》上说，何晏"伏日食汤饼，取巾拭汗，面色皎然"。南朝梁宗懔《荆楚岁时记》中说："六月伏日食汤饼，名为辟恶。"这里的"汤饼"，就是热汤面。其实，最早时伏天吃的面是热汤面，为什么在热天里吃热面？热汤面可以促进身体发汗。

什么，夏天要出汗？没错。

伏天天热，出汗是顺应自然的养生之道，吃点热的，出出汗，将体内的湿热排出，才爽快呀。

除了喝热汤面，还可以吃过水面。将煮好的面条过凉水，拌上蒜泥，浇上卤子，不仅刺激食欲，而且败心火。

入伏日里还吃一种流传 3000 年的"养生汤"，就是炒面。

所谓炒面，是将面粉放入锅中炒熟，然后用开水加糖冲泡着吃。唐代医学家苏恭说，炒面可"解烦热，止泄，实大肠"。这种吃法起源于汉代，唐宋时更为普遍，不过那时是先炒熟麦粒，再磨面食之。在《满文老档》里有记载，面茶亦称油茶，是将面粉加牛的骨髓油和干果仁（如芝麻仁、核桃仁等）炒熟，食用时，根据用量盛于碗内，加糖或盐，以沸水冲成半液体状态即成。

吃面如何搭配菜？人们在吃面的时候，往往会配一点黄瓜丝。这种吃法虽然爽口，但是营养单一，所以，蛋白质必不可少，就要有蔬菜与肉蛋的搭配，比如油菜、小白菜、黄瓜、绿毛豆、胡萝卜丝、肉、鸡蛋、豆腐干等。面条种类可以多种多样，绿豆面、杂豆面、荞麦面、玉米面等。

泰式青咖喱香茅牛肉

青咖喱永远都是"白米饭小偷"，记得把饭多煮一碗哦，因为真的非常下饭啊！在这个夏季可以试试看，让你味蕾全开。

泰式咖喱分红咖喱、青咖喱、黄咖喱等多个种类。红咖喱是因为食材中有红辣椒；青咖喱的颜色是由于其中的青辣椒、罗勒等染色而呈现出来的；黄咖喱的颜色则是因为姜黄。

三种咖喱口味不太相同，红咖喱味道较辣，口味较重；青咖喱口味偏酸，略带辣味，更加鲜美，不刺激；黄咖喱口味比较温和百搭。

青咖喱较黄咖喱辣口，且后劲强，不敢吃太辣的人，最好慢慢一点一点放入，边尝边加。

【食材】

牛肉	400 克
红葱头	2 个
土豆	1 个
胡萝卜	1 个

【调料】

泰式青咖喱酱	50 克
椰浆	200 克
香茅草	2 根
咖喱叶	2 片
柠檬叶	4 片
南姜	15 克
鱼露	5 克
糖	3 克
盐	2 克
生抽	10 克

【做法】

1. 牛肉切块，冷水下锅，放几粒花椒焯水备用。

2. 土豆、胡萝卜切块。

3. 红葱头切四瓣，南姜切片，香茅切段。

4. 锅中放油，下红葱头、南姜炒香。

5. 放入牛肉炒至微黄。

6. 放入青咖喱酱炒匀。

7. 放入土豆、胡萝卜炒匀。

8. 加适量清水，放入咖喱叶、柠檬叶、椰浆、盐、鱼露、糖、生抽调味。

9. 大火烧开，转小火炖1小时左右。在出锅的时候，往锅里再倒些椰奶，让汤汁变稠就可以了。

厨房小语　　鱼露有咸味，盐、生抽酌量添加。

大暑三候，像个戏精。

此时此刻，大雨时行，大雨和台风这样的极端天气时常光顾，每一天都浓墨重彩。

这两日又燥热起来，炎阳似火烤炙着大地，热得让人透不过气来。天色有点阴，看看窗外的天色，总有些失望，多么盼望下场雨，可惜昨晚乌云翻涌、狂风漫卷，雨却始终没有落下来。

网友纷纷吐槽天热："能出去见面的都是生死之交，能出去工作的都是亡命之徒，能出去约会的都是心中真爱。"

夏天的记忆，是外婆家的星空和穿过堂的风，一家人在院子里支起小饭桌，一边说笑一边吃晚饭，旁边有蝉鸣和几只萤火虫，最喜欢的是饭后取出吊在井里的西瓜，破一个大西瓜，一家人吃着。

开着窗躺在床上，并无睡意，有点热，风吹过，有点凉快，窗外树叶响，什么也不想，时间好像不存在。

雨还是下了，下得很大，不得不关上窗子。我站在窗前看着斜斜的雨线密密地打在玻璃上，汇成小溪又流淌下去，雨声哗哗的。

很久没有下过这么大的雨了，透过模糊的窗户看出去，楼下的花园在雨中一片湿绿，让眼睛分外清凉。可惜雨虽大却不长久，只一会儿就渐渐停了。

吃了一块冰凉的巧克力慕斯。越来越发现，很多时候，哪怕是感到百无聊赖，甚至万念俱灰，感觉人生没有什么乐趣的时候，一盏甜点，马上就能拯救过来。人生多忧，唯有美食可以解忧，让人忘记生活中的不开心。

| 度夏汤 |

请端好这一碗度夏汤。

没有冷饮的古人，在盛夏时节，用什么"冷饮"或"饮料"

大雨时行

末候 8月2~6日

来解暑呢？

其实在我国古代的医书中，记载的解暑药茶方剂就有百余方，古人把这些饮料称为"熟水"或"暑汤"，其中"熟水"之名始于宋代，曾在宫廷内及文人雅士间风靡一时，并流传下来为世人所知。

成书于南宋末年及元初的《事林广记》记载："仁宗敕翰林定熟水，以紫苏为上，沉香次之，麦门冬又次之。"

《广群芳谱》也记载了，宋仁宗曾经命翰林院评定汤饮的高下，"以紫苏熟水为第一"，所以，元代诗人吴莱吟道："向来暑殿评汤物，沉木紫苏闻第一。"

《本草纲目》中记："紫苏嫩时采叶。和蔬茹之，或盐及梅卤作菹食甚香，夏月作熟汤饮之。"

还记得孩提时期，家里的园子里养了几株紫苏，无论是烧鱼、烧鸭、炒田螺，还是炖茄子、炒豆角，都摘上几片紫苏叶来调味，菜的味道便格外香。夏天，每当伤风感冒，母亲便用紫苏全草，加生姜煎水给我喝，热热的紫苏汤喝下，汗出烧退、止咳除痰。

紫苏熟水方，以紫苏叶和陈皮按3:1的比例调配，切上三两片姜，入水同煮。待水沸后，可根据口味放入冰糖，即可饮用。在紫苏熟水的独特的香味之中，有陈皮的清香和一丝若有若无的姜的辛香，冰糖化了苦，别有一番涩中带甜的滋味。

豆蔻熟水方，将白豆蔻壳洗净，投入滚水之中，然后在上面加个盖密封片刻，倒出来就可以喝了。豆蔻不需要放太多，每次七八粒就够了，放得过少，香气不够，放得过多，香气会变得浓浊，少了些许清新。

李清照《摊破浣溪沙》中写："病起萧萧两鬓华。卧看残月上窗纱。豆蔻连梢煎熟水，莫分茶。"李清照为防暑湿脾虚，想到把白豆蔻做成熟水来喝，以达到祛湿的目的。

《本草拾遗》记载，白豆蔻性味辛温，有化湿行气、暖胃消滞的作用。大暑时节暑湿重，喝点豆蔻熟水是难得的度夏饮品。

莲荷五行大暑茶

大暑已至，四气之时，湿热在内。莲荷五行大暑茶，用的是与大暑五行最合的莲荷一家子。

古书载："七月七日采莲花七分，八月八日采藕根八分，九月九日采莲实九分，阴干捣细，炼蜜为丸，服之令人不老。"

可见莲荷一家子莲子、莲藕、荷叶，功用多多啊。一年中大暑时节，最需要吃莲荷茶，升清降浊。

荷叶，色青气香，可升清降浊；莲心，可清心安神、助心肾相交；莲藕，可补中养神益气；莲子，补益心气，健脾固肾，利十二经脉血气；西洋参，可补气、凝神、养阴；山药，可益肾气、健脾胃。

【食材】

带心莲子————————20 克

山药————————————1 段

或山药干—————————15 克

干荷叶—————————————5 克

（如果有鲜荷叶，选两个手掌大一片）

莲藕—————————————1 段

西洋参————————————6 克

【做法】

所有食材洗净放到养生壶中，加水煮 35 分钟左右，莲子熟了即可。用砂锅煮也可。

秋收

立秋

处暑

白露

秋分

寒露

霜降

立秋，七月节。立字解见春。秋，揫也，物于此而
揫敛也。凉风至。西方凄清之风曰凉风。温变而
凉气，始肃也。

——《月令七十二候集解》

立秋

凉风至

初候 8月7~11日

逛菜市场,是好好生活的第一步。

忽然发现,市场上芋头卖得火了,为什么?原来今日立秋。

三伏天还没过完,立秋已经来了。在夏天还留有余韵的时节,菜市场迎来了新的收获。

菜市场的摊主告诉我,今天立秋要吃芋头饭和芋头糖水,所以芋头上午几小时就差不多卖光了,比平时卖得快。

薄暮时分,厨房的窗下,风里带着雨意和湿气,从窗外吹进来,依然是大暑天气应有的燥热。把西蓝花一朵一朵掰开,碧绿的"小花"细细碎碎地落下来。

买回来的芋头要怎么吃好呢?还有顺便拎回来的玉米、菱角、鲜花生、毛豆角、小土豆,我爱一切清水就能煮出甘鲜滋味的果实。

想起很多农家乐菜馆里,有一道名为"大丰收"的大盘菜,里面也有玉米、花生、芋头、菱角之类的食物,最原始的美味还是带皮一锅清蒸吧。

但凡是清水就能煮出鲜美滋味的食物,大多是含淀粉高的,吃了有饱腹的感觉,芋头尤其是,剥开芋头毛茸茸的外皮,玉色的果肉上透着微红淡紫,咬一口,清香甘糯。还是觉得原味的最好!

| 贴秋膘 |

人在江湖飘,哪能不贴膘。

贴秋膘,不只是一碗肉那么简单。

立秋之日,在过去的老北京,有小孩和姑娘头上戴楸叶的习俗。如今,立秋戴楸叶的习俗已经渐渐消失了,但是吃的习俗却是如此的强大,得以幸存。

"贴秋膘"是立秋渐渐不可少的习俗,核心意思就是多吃肉,把苦夏掉的膘补回来。

刚立秋，仍然在三伏天里，闷热潮湿。在酷热的夏天，经历了各种烧烤、啤酒、冷饮的历练，嘴巴很快活，而脾胃功能却减弱了。此时如果大量进食补品，特别是过于滋腻的养阴之品，会骤然加重脾胃负担，从而导致消化功能紊乱。所以，初秋不要急着大补，可先补食调理脾胃的食物，给脾胃一个调整适应的过程。

翻开《红楼梦》，精美的红楼饮食，暗含多少祛病良方，隐藏哪些养生诀窍？在《红楼梦》第六十三回中，描写了一个尤二姐饭后咀嚼砂仁，贾蓉进门后与她抢着吃的片段。民间把砂仁当作调胃、养胃、助消化的保健食物，用来煲汤、炖肉、煮粥，甚至当作零食。古人曰其："为醒脾调胃要药。"砂仁常与厚朴、枳实、陈皮等配合，治疗胸脘胀满、腹胀食少等病症。若脾虚气滞，多配党参、白术、茯苓等药，如香砂六君子汤。

推荐一道砂仁蒸牛肉，这道菜清淡爽口，有砂仁的芬芳气味。砂仁口味甚佳，并不像其他补药，有一种中药的味道。这道菜吸取了砂仁对人体化湿醒脾、行气温中之效，食用能够行气调味，和胃醒脾。

陈皮砂仁牛肉汤

陈皮砂仁牛肉汤，砂仁具有化湿开胃、温脾止泻、理气安胎的功效，食疗上用于湿浊中阻、脘痞不饥、脾胃虚寒等；陈皮具有理气健脾、燥湿化痰等功效，食疗上多用于脘腹胀满、食少吐泻、咳嗽痰多等；这两味加上牛肉一起炖，食用能起到理气、化湿、开胃健脾。

【食材】

陈皮————10 克

砂仁————6 克

牛肋条————300 克

【调料】

姜————3 片

盐————2 克

【做法】

1. 将陈皮洗干净，砂仁洗干净后捣碎，姜切片。

2. 牛肋条洗净切块。

3. 牛肉放入砂锅中，加适量清水，烧开后撇去浮沫。

4. 放入陈皮、砂仁、姜片，文火炖1 小时左右，调入盐后炖15 分钟即可。

黄昏下了一场雨，推开窗子，便是满屋的风声雨味。一场秋雨一场寒。

雨天在家看书，真是一件恰似红袖添香的美事，足以浪漫得迷失了自己。

读三毛的书，捧一杯柠檬红茶。三毛一个癸水命的女子，好似流水一泻千里。荷西死后，再提他，三毛依然是绵长忧伤，眼泪静静地流下，只是眼泪成了她的身外之物，痛，才是比真切更深沉的情感。

孤独地读，才可读到心底。

当秋之时，饮食之味，宜减辛增酸以养肝气。酸可以收敛过旺的肺气，少辛可减少肺气的耗散。

一缕淡淡的红茶香味杂糅着微酸的柠檬香，香浓的气息在空气里流淌，若有若无地扫过鼻端，挑逗着味蕾，从唇齿漫到喉咙，轻轻地咽下去，你的坏心情就不知哪去了。

秋季要少食韭、蒜、椒等辛味之品，而要增加口味酸涩的应季果蔬，如柿、柠檬、柑橘、山楂、葡萄、胡萝卜、银耳等，以收敛肺气防秋燥。同时适当进食性微温之食品，而像西瓜这类大寒的瓜果，则要少吃或不吃了。

美好的事物是永远的喜悦，多像柠檬红茶，几冲几泡，在茶杯里缓缓舒展，那是千千万万中绝不可错过的一场花季，因为柠檬的灵魂完全深入其中，才会有如此完美的滋味。

| 立秋汤 |

古俗有时真的很生猛啊！

立秋，万物收敛阳气，天地间阴阳已经悄悄转换了地位。阴阳之气由夏长转为秋收，由浮转为降，人体气血亦同，要开始为来年春夏的生长蓄积能量了。

相传，"咬秋"习俗最早始于宋朝，那时咬秋"咬"的是赤小豆。《千金月令》里记："立秋日，取赤小豆，男女各吞七粒，令人终岁无病。"

在古人的眼里，赤小豆可不是一般的食物能够匹敌的，一直是被神话了的豆豆。

李时珍在《本草纲目》中如此记载赤小豆："三青二黄时即收之，可煮可炒，可作粥、饭、馄饨馅并良也。"赤小豆味甘性平，可入药，有消热毒、散恶血、健脾胃的功效，十分适合在燥热的秋季食用。

所以咱们的立秋汤，要沾一沾赤小豆的"神气"。

老黄瓜赤小豆扁豆汤，汤味清甜不寡淡，香甜可口，非常适合这个季节食用。老黄瓜1根、赤小豆20克、扁豆20克、红萝卜1根、玉米1根、蜜枣4粒。先将赤小豆、扁豆泡水清洗，再将老黄瓜、红萝卜、玉米洗净后切块。冷水放入赤小豆、扁豆，大火煲滚水后加入全部食材，转慢火煲1.5小时，加适量盐调味完成。

冬瓜鲤鱼赤小豆汤

冬瓜鲤鱼赤小豆汤，味甘、性平，具有滋补健胃、利水消肿、清热解毒的功效。十分适合全家人在燥热的秋季食用。

【食材】

冬瓜————————————640 克

赤小豆————————————120 克

鲤鱼————————————640 克

陈皮————————————5 克

【调料】

盐————————————5 克

姜————————————5 克

【做法】

1. 冬瓜切厚片。

2. 赤小豆洗净，用水泡透泡软。

3. 鲤鱼宰洗干净，去掉腥线。

4. 鲤鱼切块。

5. 将冬瓜、赤小豆、陈皮、鲤鱼、姜全部放入砂锅中，加适量水。

6. 煲至水滚，用小火煲1小时，以盐调味，即可。

寒蝉鸣

末候 8月17~22日

夏去秋来，匆匆忙忙几场雨落下，一层层凉意驱赶暑热，悄然间，日历翻到了农历七月初七，便是七夕节，又名乞巧节、双七、香日、兰夜、女儿节。

而今，七夕节因"情人"的加持而广为流行，不过，就传统民俗来说，七夕跟"情人节"却毫不搭界，大家可能都被忽悠了。

明代罗颀《物源》中也写道："楚怀王初置七夕。"最初的七夕，虽然会有一些民俗活动，但主要是祭祀织女星、牵牛星而已。

七月，被称为"兰月"，泽兰七月开白花，有一种温馨的清香。七月初七，两个"七"重合，七夕，"七"与"妻"同音，"七"与"吉"也谐音，又"妻"又"吉"。

七是生命之数，人有七窍，人死后49天才能超度。七也是女人生理之数，《黄帝内经·素问》说，女子七岁肾气盛，换齿长发；14岁天癸至，始有月经；到49岁，天癸竭，形坏不再怀子。

由此，七夕实为女子乞求生育的节日。这一夜不仅牛郎织女要鹊桥相会，西王母还要派七仙女下凡，其目的都是为了传宗接代。

七夕节吃什么？当然是巧果。巧果的主要材料是油面蜜糖，又叫乞巧果子，花样极多。《东京梦华录》中称之为"笑靥儿""果食花样"。

七夕之夜拜织女，在月光下设香案，焚香，摆水果，女子都来案前焚香礼拜，少女祈求长得漂亮，郎君如意；少妇祈求早生贵子，家庭美满。

《攸县志》如是记载："七月七日，妇女采柏叶、桃枝，煎汤沐发。"人们认为这天取泉水、河水沐浴洗发，就相当于取银河之水沐浴，效果神奇。

| 肺腑秋旺 |

立秋进补莫跑偏，养阴去秋燥，按需进补。

中医自古有燥令伤肺之说，燥是秋季的主气，干燥的秋天每天通过皮肤蒸发的水分在 600 毫升以上，易伤及人的肺脏，耗伤人的肺阴，这个时节人体极易受燥邪侵袭而伤肺。

阴虚内热的人伴有五心烦热、傍晚脸红等状，可用桑葚干、枸杞子泡水喝。桑葚性寒，味甘，有滋阴补血之功，最能补肝肾之阴。适宜于平素体阴虚易生燥火之人食用。

气虚体质的人，平时会有秋燥的症状之外，而且还会有气弱、脉弱的现象。中医认为，鳜鱼具有补五脏、益脾胃、疗虚损等功效，鳜鱼滋补汤是此类人群的最佳选择。

寒湿体质的人会胃寒、舌苔白、怕寒、怕冷，调养要从调理脾胃开始，给予温暖、除湿，让阳气逐步上升，达到阴阳平衡，因此这类人初秋进补，宜清补而不宜过于滋腻，可多喝银耳百合小米粥、山药粥、扁豆粥，以及吃白色润肺的食物，如豆浆、牛奶、银耳、百合、甜杏仁、白梨等，但寒凉体质的人在吃百合、白梨时要煮熟，才能润而不寒。

燥热体质的人肺胃燥热，鼻子干、嗓子干、大便干，宜多吃莲藕、荸荠、梨等润肺、养阴、清燥食物。

秋季养肺最简单的方法：来杯热水。倒上一杯热气腾腾的水，直接对着吸入水蒸气，每次 10 分钟左右，早晚各 1 次，可以滋润肺脏。

两款清燥润肺茶：麦冬竹叶茶和冬花枇杷茶。

麦冬竹叶茶：用麦冬 15 克、百合 15 克、竹叶 20 克。放入锅中，用 1000 毫升水煎煮。煮至约剩一半水，沥出汤汁后，于早晚各饮用一次。

冬花枇杷茶：用款冬花 12 克，枇杷叶 15 克，蜂蜜适量。头煎清水 3 碗煎至 1 碗；二煎清水 2 碗煎至半碗。

鲜藤椒肥牛

花椒、麻椒、藤椒，谁才是"傲椒"的扛把子？

先说一下花椒的种类。总体上花椒可分为红花椒和青花椒两大类，而藤椒和麻椒都属于青花椒，藤椒是青花椒中佼佼者，其鲜果具有清香浓郁、麻味绵长的独特风味，麻椒则是指品质较为一般的青花椒。

尽管行至秋令，天气却仍然燥热不已。此时寒气渐近，这个时节里花椒成熟，最具代表性的花椒便是清香的藤椒。藤椒性温、味辛，是散寒除湿的好帮手。

【食材】

肥牛	300 克
金针菇	150 克
杭椒	1 个
小米椒	2 个
泡椒	30 克

【调料】

鲜藤椒	30 克
郫县豆瓣	15 克
生抽	10 克
盐	2 克
蒜末	30 克

【做法】

1. 金针菇去根洗净，小米椒、杭椒切段。

2. 锅中加水，放入金针菇焯熟。

3. 金针菇捞至大碗中。

4. 锅中放油，下 10 克鲜藤椒炸香，放入郫县豆瓣炒出红油。

5. 下杭椒、小米椒、泡椒。

6. 倒入适量高汤或清水，调入生抽、盐。

7. 烧开后，放入肥牛片烫熟。

8. 倒入大碗中，放上蒜末、鲜藤椒 20 克。

9. 烧一大勺热油浇在鲜藤椒和蒜末上，激出香味儿。

厨房小语　　1. 肥牛烫好就出锅，不要煮得太老。

2. 郫县豆瓣有咸味，生抽、盐酌量加入。

处暑，七月中。处，止也，暑气至此而止矣。

——《月令七十二候集解》

处暑

鹰乃祭鸟

今日处暑，夏天的背影，远去，不送。

处暑，是出伏的日子，暑热将止，秋景初微。在二十四节气中，处暑是容易被人遗忘的节气之一。它是一个微妙过渡的节气，人虽然后知后觉，但周遭的植物已洞悉了这一切。

刚刚凉快了几天，这两日又燥热起来，悄悄地在提醒你：秋老虎回头了。

正所谓"大暑小暑不是暑，立秋处暑正当暑"，在暑热即将结束之时，秋老虎仍会在节令后期来个反杀，"处暑降温"这句话在大多数南方人眼里简直是个笑话。

这个时节北方的瓜果丰盛，正如郁达夫所言，苹果、梨、柿、枣、葡萄，都是华北地区人们迎接秋日的标配。除此之外，老舍还补充了两样：北京特产的小白梨与大白海棠，称其是"乐园中的禁果"。

买了一个漂亮的藤编果篮放在房间里，喜爱果香弥漫的味道，也方便懒人随手取食。

这几日吃了很多梨，还有葡萄和橙子。梨要买那种大个的淡黄色的新疆贡梨，甜润多汁，入口没有渣。砀山梨太粗，水晶梨总是有点酸，雪花梨甜脆多汁，传统的"秋梨膏"即是用它制成，库尔勒香梨虽甜，但个儿小，吃起来不过瘾。

橙子是国产的褚橙好吃，新奇士橙贵且口感酸，一向不喜。新上市的赣南脐橙是饱满鲜艳的橘红色，要挑裂脐的，那种是长熟了的，橘红色的也比橘黄色的甜。

剥下的橙子皮最好不要马上扔掉，放在房间里，你的房间里会弥漫香甜清冽的味道，若是在深秋或是初冬的时候，这种味道真的会让人感到很温暖。

| 护脾阳 |

一杯敬秋凉，一杯敬暑热。处暑黄金粥，送暑。

处暑，处，止也，暑气至此而止矣，意味着秋天的开始，但从气温上看还没真正进入秋天，桑拿天、雷雨天气依然还在，天气闷热，湿热并重，暑、寒、湿、燥，各居其位，不分主次，无法捉摸，没有定数。

处暑属于长夏，中医认为"脾病起于长夏"，长夏之际湿邪最盛，湿为阴邪，易伤阳气，尤其是脾阳。

主管身体从夏到秋这一转变的，是中土之官"脾"。脾居中焦，能升降气机，不断将水谷精微输送至脏腑经络，就像土地能生化万物、长养万物一样。所以，在这错乱的季节转换时刻，要想不为秋季的燥气所刑，可多吃茯苓、芡实、山药、豇豆、小米、猴头菇等健脾和胃的食物。以淡补为主，忌食生冷，照顾好脾的功能。

用南瓜、小米、百合、绿豆、马蹄煮粥。这个粥里用了小米、南瓜，黄色食物的"土气"最旺，可以养脾健胃。小米常用来给病人、产妇吃，就是因为它最补虚；南瓜有排毒护胃的功效，补中益气。百合补金气、润肺气、定魂魄，是金秋要常备的重点食材，特别是秋天容易情绪低落，"悲秋"的人，可以通过固金气，让精神内守。

北方暑气小，燥气渐起，生活在北方的人小米、百合、马蹄稍多些，绿豆少些；南方湿热依然重，生活在南方的人绿豆稍多些，其他少些。

花胶水鸭盅

处暑，也要加油鸭（呀）。

处暑时节，气候依然燥热，老北京人至今还保留处暑当天吃鸭的传统，鸭肉味甘性凉，具有滋阴养胃、利水肿的作用，所以吃鸭子解燥热最好了。

诱人的鸭汤，要来一盅吗？

【食材】

花胶————————————50 克

水鸭————————————300 克

泡发香菇————————3 个

【调料】

黄酒————————————30 克

生姜————————————3 片

葱——————————————1 段

盐——————————————适量

【做法】

1. 花胶浸泡 12 小时。

2. 锅中加清水，放入生姜、黄酒烧开后，再将泡软的花胶剪成段，放进沸水里，煮约 5 分钟即可除去腥味。

3. 鸭肉斩块，冷水下锅，焯水。

4. 焯过的鸭肉放入炖盅内，再放入花胶。

5. 再放入泡发香菇、葱、姜，倒入适量清水。

6. 炖盅加盖，放入蒸锅中，文火隔水炖 3 小时，调入盐即可。

厨房小语　　好的花胶腥味小。若是花胶腥味重，可放入沸水里多煮几分钟，但是不宜久煮，以免丢失胶原蛋白。

中元节，俗称鬼节，佛教称盂兰盆节。农历七月，过去人们称它为鬼月，谓此月鬼门常开不闭，众鬼可以出游人间。

传说这一天地宫打开地狱之门，已故祖先可回家团圆，按旧俗，中元节这天店铺要早早关门，把街道让给亡灵回家。

两大鬼节：清明、中元，按照民间习俗也是不同的。农历三月清明，阴气敛藏沉寂，鬼纷纷入居阴宅歇息。宜在墓地祭祖，宜"收鬼"，整修坟墓，给祖先供奉祭品，祈祷先祖在阴间与左邻右舍和睦相处。农历七月中元，阴气萌生，这一天地府会放出全部鬼魂。宜在家里中堂祭祖，院子或屋前烧纸，宜放河灯、路边点火。道教这一天有施食传统，让路边孤魂野鬼得食、吃饱。

我与母亲一阴一阳相隔已十几年，已听不到母亲唤女儿的声音，也望不到母亲近家的身影。

很想再像小时候那样让母亲给自己梳发辫，很想躺在母亲的身边睡一会儿，很想和母亲一起聊聊天，那是一种漫无目的、想起什么问什么的聊天，很想吃母亲腌的咸菜，那种咸菜，不放香油和醋，是一种家的味道。

看过何庆良的那本《孝心不能等待》，其时几次落泪已记不清楚，深深体味到子欲孝而亲不待的那份痛。

| 敛阳退暑湿 |

秋天来了，这天地之间的秋金之气，你得着了，摆脱湿热困身，就有希望了。

"湿"不见得都要祛，为什么？对于"湿"和"气"，名医彭子益有独到见解："火"在"土"上，即可生"湿"，"火"归"土"下，则可化"气"。

夏天相对潮湿，秋天自然变干燥，时至秋天，"火"（阳气）回归"土"下，自然就不湿了！因此，顺应立秋节气天地气机的变化，做好敛阳的工作，可使暑湿自解，事半功倍。

那么就用酸甘养阴之法来帮助敛阳，经典食方如乌梅三豆杏仁汤，此方以扁鹊的三豆饮方为基础，加入了乌梅、杏仁，能建中气、收相火、敛浮阳，因此，中气不足而相火外浮或阳气不收时喝最为合适。

乌梅味酸，白族谚语说："吃杏遭病，吃梅接命。"乌梅有独特的功效"引气归原"，能收敛外散的相火，大补肝木之气，生津液，能把人体内乱窜的气收回原位，理气而不伤气。乌梅的酸和冰糖的甘味合在一起，除逆。黄豆和黑豆养肝木，补中气，降肝胆经相火；绿豆清肺热。

乌梅三豆杏仁汤：乌梅15克，黑豆20克，绿豆20克，黄豆20克，杏仁10克(打碎)，冰糖30克，水煎服。

乌梅白糖汤：乌梅30克，白糖30克，水煎，于睡前服用，可敛木安中，最合其时养生。

柠檬3~5片，红糖10克，开水冲泡，代茶饮。微苦、微酸、微甜，养阴清热，而且药性温和，有养脾和胃的作用。

这几个方子，用的都是食物，煮出来的汤水酸酸甜甜，无任何副作用，老少皆宜。

乌梅糯米藕

"糯"字很玄妙，糯的东西，大多都是甜的，往往又是不一般的浓烈的甜。

乌梅糯米藕，糯米、乌梅、藕都是营养丰富的食物，具有补中益气、健脾养胃的功效。煮好的乌梅糯米藕，内里洁白如霜，外表色泽红润，馅心清爽甜香，口感软糯。

【食材】

莲藕（以七孔藕为佳）————1 段

糯米————————————100 克

乌梅————————————6 个

【调料】

红糖————————————50 克

蜂蜜————————————适量

【做法】

1. 糯米洗干净，浸泡 3 小时待用。

2. 莲藕洗干净，去皮，将藕一端约 5-10 毫米处切开，见藕孔，切下的藕头待用。

3. 糯米灌入藕孔中，灌一些就用筷子压实藕身，让糯米加实，直到米灌满藕身。

4. 将切下的藕头按原来的位置盖回，用牙签固定。牙签可多可少，以固定为准。

5. 高压锅内放入藕、倒入水，水面要没过藕身（藕少横向放；藕多竖向放，牙签封口处向上，水一定要过藕身），然后放入红糖。

6. 放入乌梅。

7. 加盖煮熟。

8. 将煮藕的水，倒入另外锅内，放入藕，煮至糖汁浓稠为佳。藕凉后切片，淋少许蜂蜜即可。

末候 9月3~7日

"九月韭，佛开口"，说的是秋天的韭菜好吃，就算佛也会想吃的，而佛是不能吃韭菜的（因为它是佛门弟子禁食的"五辛"之一），这句俗语从反面说明了韭菜好吃。

婆婆家门前有一块空地，种了一畦韭菜，忽然就觉得门前的韭菜绿得蕰然有味儿，用镰刀轻割一把，那令人馋涎的味儿便在空气中泛滥。

忍不住捧起一把清绿，择洗干净，用刀轻轻地切碎。瞬间，厨房里便沁满了韭菜的味道。

与春季韭菜相比，秋天的韭菜可食用的部分更多，韭菜花、韭菜叶、韭菜薹都可以吃。

说到韭菜花，想起杨凝式的《韭花帖》。他的《韭花帖》也是有香气的，浑然天成的香气。杨凝式的朋友们送他一罐韭菜花，新腌的，鲜脆得很。杨凝式酒意稍去，看看韭花，写下一则手札，《韭花帖》便诞生了，字里行间绿意充盈，香气四溢。

每年的这个时候，是韭菜花盛开的季节，我都会自己在家腌上一些。韭菜花剁碎，加上盐、苹果、姜，放到密封的瓶子里，慢慢发酵，等到了冬天，韭菜花酱得翠绿，味道鲜咸。冬天吃火锅离不了韭菜花酱，著名的北京东来顺涮肉，就是以"羊肉薄、糖蒜脆、韭花绿、清汤鲜"而闻名。

┃处暑四宝┃

秋季来，万物凋落，植物纷纷将精华之气注入果实、种子和根。它们是植物敛藏起的精华，是最富活力、养分的部分。

有几种食物是秋天不可不吃的。首先是莲藕。说起莲藕，我一下子想起了"秋芙常温于铫内的莲子汤"，还有那一段："固叩白云庵门。庵尼故相识也，坐次，采池中新莲，制羹以进。香色清洌，足沁肠睁，其视世味腥膻，何止薰莸之别。"

莲藕是荷花的根，李时珍在《本草纲目》中称藕为"灵根"。

事实上莲藕也的确很有灵气。秋天感到燥热，喝一碗生榨藕汁就好了。莲藕的补是清补，不上火，特别适合容易疲惫、虚不纳补的人。莲藕吃起来毫无禁忌的，该清的清，该补的补。

秋梨，没有什么燥热是一个梨子不能解决的。秋梨是天生甘露，濡养肺胃之阴，则津液之源不断，又兼顾滋养了肝肾之阴，生吃清六腑之热，熟吃滋五脏之阴。

芡实，也叫鸡头米，之所以叫鸡头米，是因为其果实长相如鸡头。芡实为水生植物，被称为是低调奢华的水中人参，《红楼梦》里说的"鸡头"就是它。它在处暑时节大量上市。鸡头米性味甘平，和莲子有些相似，但芡实的收敛镇静作用比莲子强，有补脾胃和涩精、止带、止泻的作用。

太子参，光是听名字就觉得它肯定不简单。它是《中国药典》收录的草药，现已被列入"可用于保健食品的中药材名单"。太子参味甘而性平，既益气健脾，又可养阴生津润肺，且药力平和，是一些小儿患者及气阴不足的成人轻症患者较为常用的药物。

百里香烤紫胡萝卜

紫色胡萝卜是变异的吗？不不不，紫色萝卜才是胡萝卜的老祖宗。

世界上第一根胡萝卜实际上就是黑紫色的，一直到 16 世纪末，胡萝卜都还是紫色的。这时荷兰人出场了，对变异的胡萝卜植株进行栽培，慢慢将紫色胡萝卜变成了橙色胡萝卜，并很快就让橙色胡萝卜风靡全球。我们眼中理所当然的橙色胡萝卜，在当时和如今的紫色胡萝卜一样稀罕。

黑紫色的胡萝卜含有丰富的青花素，它是一种强力抗氧化剂，能够清除人体内的自由基，而且紫色胡萝卜的口感也是十分的好，又脆又甜，吃完紫胡萝卜，别忘了炫一下你变紫的舌头哟。

【 食材 】

迷你紫胡萝卜————————6 根

迷你胡萝卜——————————3 根

【 调料 】

盐——————————————3 克

橄榄油————————————10 克

百里香—————————————适量

【 做法 】

1. 迷你胡萝卜刷洗干净表面，鉴于它本身很小，就别去皮了，刷洗干净就好。

2. 胡萝卜放入大碗中，撒上盐和百里香，再倒入橄榄油，拌匀，腌制10 分钟。

3. 烤箱 200℃预热，把拌好的胡萝卜平铺在垫了锡纸的烤盘上，放入预热好的烤箱，上下火，中层，200℃烤 25 分钟左右。

厨房小语　　1. 时间根据自家烤箱情况调整，注意观察，胡萝卜软了，表面有些干了就好了。

2. 也可以用普通胡萝卜来做，但是味道不如迷你胡萝卜甘甜。

白露，八月节。秋属金，金色白，阴气渐重，露凝而白也。

——《月令七十二候集解》

白露

鸿雁来

初候　9月8~12日

性感，差不多就可以了。

忽而九月，是夏日的终结，"蒹葭苍苍，白露为霜"。此时草木上的露水日益增多，凝结成一层白白的水滴，这就是"白露"这个名字的由来。

在北方，白露秋风夜，一夜凉一夜。在南方，坐在院子里乘凉便不再需要蒲扇，一把躺椅，就是一晚的惬意。

白露之后，梧桐叶落，荷残莲生，天气逐渐转冷，中医有"白露身不露，寒露脚不露"的说法。

可是，这个时节走在街上，还可以看到穿短衣、短裤、短裙的人。到了白露节气，天地之间越来越凌厉的寒气，会透过皮肤直接进入身体，此时不能赤膊露体了，会着凉受寒。如今宫寒、肾寒、风湿、不孕的年轻女孩子为啥那么多？和不该露的时候瞎露大有关系。

白露时节，如果穿太多，就会让毛孔开泄，不利于收敛。所以，此时阴气上升阳气下降，衣物可以单薄些，薄而不露，适当"秋冻"，这里说的秋冻并不是让你去挨冻，而是指不要穿太多衣服导致大汗淋漓，以符合秋天的收敛之气。

但"秋冻"也要因人而异，抵抗力较弱的人群，比如老人和孩子，还有气虚阳虚体质者，有慢性疾病的人，都不太适合"秋冻"。还要注意腰腹部、膝关节保暖，不要露出后背和肚脐。

老北京的习俗，白露一到，就要撤掉凉席，把柜子里的衣服被褥拿出来晾晒，去掉夏天积攒的潮气。

白露白茫茫，无被不上床。夜晚要关上窗户，换上长袖睡衣入睡，备一条薄棉被在床头也十分必要。

| 宜润补 |

今天白露，喝个润而不滞的白露汤吧。

秋风吹走了高温，也吹干了空气中的水分，中医称之为"秋

"燥"，加之，夏季的暑、热、湿邪耗气伤阴，此时进补宜润补，而不宜过于滋腻。润补是指补而不腻。

日常怎么补？喝茶时可加苹果、橙子、梨等水果补润。饮水时可以加点乌梅、柠檬片，增加酸甜的味道，解除燥气。

在南方一些地区，有个传统习俗是：白露必吃龙眼。民间的意思是，在白露这一天吃龙眼有大补身体的奇效，因为龙眼本身就有益气补脾、养血安神等多种功效。

还有人们在白露日采集"十样白"，白茯苓、白百合、白扁豆、白山药、白芍、白莲、白芨、白茅根、白术、白晒参，就是10种名称带"白"字的草药，以煨乌骨白毛鸡，认为食后可滋补身体。

从白露开始，秋意渐浓。肺属金，通气于秋，阳热逐渐收降到地下，地表开始出现露水，若此时热降不足，会出现秋虚肺燥的。喝些滋润的小汤水，润而不滞，就像甘露润物无声。

白露汤：雪梨1个、雪耳10克、南北杏30克、百合30克、淮山18克、蜜枣5枚、瘦肉200克、盐适量。

【做法】雪耳、百合、淮山浸泡一小时。雪耳去蒂；雪梨去皮、去核，切成大块；瘦肉切片；所有食材一起放入锅中，加入适量清水，武火煮开，文火煲两小时左右，调入盐即可。

素食者，可以去掉瘦肉，加一小片陈皮。陈皮要先泡一会儿，然后去掉里面那层橘络，不然口感容易发苦。这个小甜品既润肺又清肺热，陈皮性温，不但芳香解郁，还可以平衡梨的寒凉。

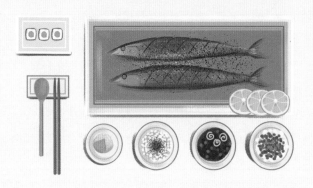

香烤秋刀鱼

秋刀鱼是日本料理中最具代表性的秋季食材之一，最常见的烹制方式是将整条鱼盐烤，搭配白饭、味噌汤、萝卜泥一同食用。

日本人认为，将酱油的咸鲜味和柠檬的酸味与鱼本身的苦味相结合，才能体现出秋刀鱼的最佳风味。

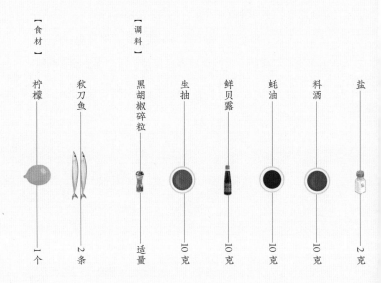

【食材】

柠檬 1个

秋刀鱼 2条

【调料】

黑胡椒碎粒 适量

生抽 10克

鲜贝露 10克

蚝油 10克

料酒 10克

盐 2克

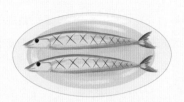

1. 秋刀鱼洗净，尤其是肚子里的黑膜，一定要撕干净，两面打十字花刀。

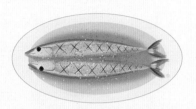

2. 用盐抹在秋刀鱼上，加半个柠檬汁。撒上少许黑胡椒碎粒，调入料酒腌30分钟左右。

3. 另半个柠檬汁、蚝油、鲜贝露、生抽调和成料汁。

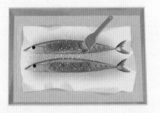

4. 烤盘垫锡纸，并涂抹一层油，将腌制好的秋刀鱼排放在烤盘上，刷料汁在鱼身上，两面都要刷。

5. 烤箱调至预热220℃，预热好放入秋刀鱼，上下火，中层，烘烤20分钟左右，至表面金黄，中间翻一次面，出炉后再滴上柠檬汁。烤制时间可依据自家烤箱而定。

厨房小语　　柠檬最好不要省略，可以有效地去除秋刀鱼的腥气。

元鸟归

次候 9月13~17日

白露打核桃，霜降摘柿子。

第一次见鲜核桃，感觉很神奇。我以前从来没有吃过鲜核桃，青绿色的皮，用一把弯刀几下拨开，才露出常见的核桃皮。

用核桃夹轻轻一夹，可以很完整地剥出来一整个儿的核桃仁，桃仁外面有一层或浅棕色或嫩黄色的薄膜，吃起来味道发苦发涩，要去掉才好吃。

收拾出一碗雪白的核桃仁，不带一点苦味，可以混合牛奶，做成核桃露，或者丢进料理机，再加一些红枣、牛奶、枸杞，就可以做一杯滋补核桃奶昔。

给核桃配了毛豆米和胡萝卜丁，倒入油锅时的明亮响声，壮烈而决绝。我爱听蔬菜入油锅的"吱吱"声响。热闹的厨房里，用来调味的各式各样的调味料，堆满了台面，新鲜的蔬菜，清新的水果，砂锅里散发出莲子羹的甜甜的味道，我一直迷醉于这些食物，它们温暖、饱满亲切，混合成一个又一个温馨而厚实的日子。

只加油盐清炒的鲜核桃，出锅后真是一盘令人惊艳的菜，惊艳的是鲜核桃的滋味，竟然有一种无法形容的清隽鲜香。食之，味清而淡远，浸润肺腑，令餐桌上的其他菜肴即刻黯然失味。实在是个"爱物儿"，更是有着一种情意绵绵的清新舒展，乃知"五脏六腑统统下跪"一言实在大妙。

| 下火去燥 |

秋天来了，恭喜你，即将迎来早起嗓子发干，皮肤干燥，干咳无痰的秋燥日常。

同样是秋燥，却有温燥和凉燥之分，疗法各不同。

以秋分为界，秋分之前有暑热的余气，故多见于温燥；秋分后，气温变化剧烈，寒凉渐重，多出现凉燥。

何为温燥？

　　如果你那儿的天气秋阳似火，此时燥气就很容易与热邪勾结到一起，发为温燥。所以会口干而渴，咽干或痛，鼻子烘热，干咳无痰，大便秘结，这就是燥与热结合的温燥证。

　　过于温燥，吃喝点润的东西就能缓解，梨生吃可清六腑之热，熟食又可滋五脏之阴。李时珍说，梨能润肺凉心，清痰降火，解疮毒、酒毒。

　　茅根竹蔗马蹄水，是广东著名的凉茶。做法很简单，就是茅根、竹蔗、马蹄、胡萝卜一起煮水喝。它对缓解温燥很管用，这两天我家每天都要煮一煲当水喝。

　　何为凉燥？

　　凉燥跟风寒有些类似，当燥气与寒气结合入侵的时候，身体就会表现为凉燥。常有身体发冷，头痛无汗，口不渴，鼻塞流清涕，不发热或低热。凉燥也容易咳嗽，但咳嗽有痰而少，舌淡苔白，且多见于深秋天气转凉之时。

　　防治凉燥可选柿子、石榴、广柑、苹果、白果、核桃、胡萝卜等。

　　解凉燥以祛寒滋润为主，常用的祛寒滋润中药有茯苓、半夏、橘皮、苦桔梗、甘草等。较轻的凉燥可以喝杏仁紫苏茶：杏仁 6 克（打碎），紫苏叶 10 克，红糖适量，加水一起煎煮 15 分钟，取汁饮用。

粉蒸萝卜苗

每年这个季节，菜地里的胡萝卜苗因为太密，都要拔掉一些，为的是让其他胡萝卜苗更好地生长，剔出的胡萝卜苗是不会浪费的，我从小就吃母亲蒸的胡萝卜苗，味道极好。

【食材】

新鲜胡萝卜苗————————400 克

面粉————————————150 克

【调料】

大蒜————————————4 瓣

盐——————————————2 克

生抽————————————10 克

香油————————————适量

【做法】

1. 胡萝卜苗只要嫩叶子部分，洗净。

2. 胡萝卜苗切段。

3. 加入面粉拌匀。

4. 放入笼屉中。

5. 锅里加水，水开后蒸 15 分钟左右。

6. 大蒜加盐捣成蒜泥，加入生抽、香油，胡萝卜苗出锅后拌入，也可以作为蘸汁。

厨房小语　　蒸的时间按你蒸的食材量增减，时间太短会黏牙，时间太长颜色会发黄。

坐在书房的窗前，窗外吹过新凉的风，真是一种恩赐。

网上买的书送来了，经常买不太贵的打折书潇洒一把，尤其是网上买的时候，多少带点任性，不用现银交易，不会觉得那么肉疼。

好些年不到没有打折的实体书店买书了，因为，凭什么卖那么贵？有时看了网上那些带着表白式的广告介绍，冲动之下买了，翻看后真觉得无趣得很，但是想想好歹比书店便宜多了，便又觉得安慰。

参差的两小撂书，来不及细看，只抱起来一本一本地检视一下，便堆在书橱的空隙里，一下子感觉很富有。

随手拿出，不知看过多少遍的《秋灯琐记》，这本书最适合秋日的午后，放到枕边躺在床上慢慢翻看，垂着一面帘子的卧室有点昏暗，但却使人惬意安心。

我一直觉得，这本书中所写，是爱情最好的模样，因为真实，所以更为感人。《秋灯琐记》是清朝的蒋坦据实而作，为了纪念和妻子生活的点滴而写，多是夫妻二人在生活中处处充满的雅趣，像是他们共同的回忆录。

《秋灯琐记》，书名紧扣"秋"字，一是因为这本书是写给其妻秋芙，二是因为书中所记之事大都发生在秋天。

秋芙在院子里种了芭蕉，叶大成荫。秋夜雨落芭蕉，蒋坦听了心里难过，就在芭蕉叶上题诗："是谁多事种芭蕉？早也潇潇，晚也潇潇。"第二日秋芙见了，在芭蕉叶上回他："是君心绪太无聊，种了芭蕉，又怨芭蕉。"好有趣的秋芙。

室内很安静，窗外有细碎的鸟声，有一小缕阳光有些不甘心地从窗帘的缝中钻进来，仿佛聚光灯打在细小的黑色字体上，但，很快就黯淡下去。

| 秋制膏方 |

这个距今 1000 多年的老膏方，为啥每年秋天都要喝一次？

以前很多北方人家，到秋天都会自己熬秋梨膏，相传这个习俗始于唐朝，据说，唐武宗李炎患病，终日口干舌燥，心热气促，御医和满朝文武束手无策，正在人们焦虑不安之时，一名道士用梨、蜂蜜及各种中草药配伍熬制蜜膏，治好了皇帝的病，从此，此方成了宫廷秘方，直到清朝由御医传出宫廷，才在民间流传。

当秋梨在枝头吸足了阳光，成熟醇香时，就是熬秋梨膏的好时候了。

秋季气候干燥、肺燥阴虚，常食膏滋类补肺养阴方，可补益肺肾、养阴润燥、生津止渴。近代名医秦伯未在《膏方大全》中指出："膏方者，盖煎熬药汁成脂液，而所以营养五脏六腑之枯燥虚弱者也，故俗称膏滋药。"

秋梨膏方：秋梨6个，鲜藕500克，麦冬70克，鲜姜50克，冰糖50克，蜂蜜适量。先将梨、麦冬、藕、姜打成汁，滤去渣滓，加热熬膏，下冰糖溶化后，再以蜜收之，早晚服用。可清肺降火，止咳化痰，润燥生津，除烦解渴。

川麦雪梨膏方：川贝母、细百合、款冬花各15克，麦门冬25克，雪梨1000克，蔗糖400克。将雪梨榨汁备用，梨渣同诸药水煎2次，每次两小时，二液合并，兑入梨汁，文火浓缩后放入蔗糖400克，煮沸即成。每次15克，每日2次，温开水冲饮或调入稀粥中服食。可清肺润喉、生津利咽。

熬秋梨膏的梨子要自然成熟有香味的，不然熬出的膏滋味寡淡，不能养人。

需要注意的是，膏方为补品，偏滋腻，不能当作饮料喝，脾胃虚寒、手脚发凉、大便溏泻的人不宜服用。

红酒百合醉梨

一直以为，红酒不是用来搭配食物的，而是用来搭配浓浓夜色下的心情的。

独自一人的夜晚，纯粹自我的时刻，倒上一杯红酒，慢慢地呷上一小口，幸福也罢，忧愁也罢，那都是人生的滋味。

红酒百合醉梨，既有梨的甘甜，又有红酒的微酸，被誉为有生命力的甜品，暖胃、补充维生素，并且还有美白、活血的功效。

不用担心喝下这一大碗红酒，会醉得不省人事，在煮的过程中，酒精会被蒸发掉，剩下的只是一点点微微的酒香。

【食材】

红酒————————500 克

梨——————————1 个

百合————————50 克

【调料】

冰糖————————30 克

【做法】

1. 百合洗净，瓣成瓣；梨去皮，在表面划出花刀，或切成片。

2. 将红葡萄酒倒入锅中，将整个梨或梨片放入红酒中。

3. 加入冰糖，大火烧开，转小火煮10 分钟，中间翻面几次，煮到颜色均匀。

4. 再放入百合，煮至百合透明，也就煮 1 分钟即可。

厨房小语　　1. 梨也可以去核切片，更易入味。

2. 百合不宜久煮，变透明即可。

秋分，八月中。解见春分。雷始收声。鲍氏曰：雷二月阳中发声，八月阴中收声入地，则万物随入也。

——《月令七十二候集解》

秋分

一道菜，丈母娘征服了上门新姑爷。

在我家的中秋家宴中，母亲有一道拿手菜，是用花雕酒做成的花雕蒸醉蟹，历来被称为丈母娘征服上门新姑爷的一道菜。

一年的月缺月圆，唯有中秋之时最让人情动。此时此境，秋渐老，窗外蛩声正苦，"切切蛩吟如织"真是一个绝妙的好句，夜将阑，灯花旋落。

在南方的生活经历，让母亲不知从何时起爱上了花雕酒，她可以用花雕酒做出很多种菜肴，比如花雕鸡、花雕蹄髈等。

花雕酒可直接饮用，春夏可冰镇着喝，秋冬可暖烫后饮用，非常适合小酌几杯，而且只需配一小碟茴香豆即可。

花雕酒除了佐菜饮用之外，不少名菜都是用花雕酒烹制的，因而这些菜有一种独特的品性：借酒发威。

母亲说：吃蟹最好要饮一杯花雕酒，蟹性凉，花雕酒暖胃，是最佳的搭配。说起花雕蒸醉蟹，我便想起我和老公结婚后回门的日子，这一天的新女婿被尊为贵客，母亲便端出她的拿手好菜：花雕蒸醉蟹。这道菜的独到之处是，螃蟹先加花雕酒腌过，有一种浓郁的花雕酒香味。老公吃着螃蟹，淡淡的花雕酒香诱惑着他的味蕾，转而细嚼，在花雕酒的衬托下，蟹肉更显鲜嫩，咸鲜爽口一点不腥，惊喜的感觉令他回味无穷。

花雕蒸醉蟹，对在北方长大的老公来说，简直堪称惊艳，从此让他念念不忘。

| 小饼如嚼月 |

秋分过后是中秋节了，注定是一个不平静的九月，江湖风雨都在月饼界。

中秋，嫦娥不是主角，月饼才是。曾经，五仁月饼成为众矢之的，南北方网友似乎在五仁月饼上达成了共识，齐声讨伐，让它"滚出月饼界"，还说什么"恨一个人，就送他五仁月饼"。

你和五仁月饼到底什么仇什么怨?

其实,你是没有读懂"五仁"。五仁月饼曾经是尊贵的象征。《红楼梦》里只有一家之长的贾母才能吃"内造瓜仁油松瓤月饼",没错,这种大内御膳房制作的、用松仁、核桃仁、瓜子仁等果仁混合冰糖和猪油做成的糕饼,就是当时贵族享用的五仁月饼。

"五仁"的说法最早出自中医理论。南宋齐仲甫编撰的中医著作《女科百问》中,关于产妇大便秘涩的问题,给出的药方中有一种药叫"滋肠五仁丸",配制这种药丸需要桃仁、杏仁、柏子仁、松子仁、郁李仁、陈皮。清代汪昂的《本草备要》里也记载,这些果仁、果皮有疏通大肠血秘、去秋燥等功效。滋肠五仁丸的配方和今天五仁月饼配方有几分相似,可以说是五仁月饼馅料的原型。

了解中药的人应该知道,这些果仁也是其他很多中医药方的组成部分。作为广式饮食"食药不分家"的代表,五仁月饼难免让人联想到凉茶,一个是药,一个是"药膳"。在秋燥伤肺的时候,吃个五仁月饼养养肺,我们应该感激老祖宗的良苦用心。

与那些用冬瓜蓉代替果肉的水果月饼、白芸豆沙加香精的莲蓉馅月饼相比较,只有五仁月饼,哪种食材都伪造不了。松子仁就是松子仁,核桃仁就是核桃仁,瓜子就是瓜子,杏仁就是杏仁,一颗颗真实可见,任何一种稍微出点差池,都会影响整体的风味。

没想到吧,五仁月饼反而是最真材实料,也最难做的月饼。

五仁月饼这么难吃,红绿丝起码有一半的"功劳",广东人一脸懵地说:"往五仁月饼里加的红绿丝,究竟是什么魔鬼?"正宗的五仁月饼是没有红绿丝的。

月饼含有很高的油脂及糖分,吃的时候最好喝点什么,吃甜味月饼饮花茶最好,有香甜兼收之妙;吃咸味月饼饮乌龙茶或绿茶为佳,有清香爽口之感。浓茶和咖啡中含较多的咖啡因,汽水、可乐或果汁等含有大量热量和糖分,不宜与月饼一起吃。

玫瑰火饼

玫瑰火饼，这款饼出身极有根底。

它是我家的自制月饼，记得母亲有一本《古代菜谱名点大观》，旧旧的书页，泛着淡淡黄色，书里全是文言文，满篇的之乎者也，一个个繁体字是那样的陌生。

书中记载，清代朱彝尊的《食宪鸿秘》中记："内府玫瑰火饼：面一斤、香油四两、糖四两（热水化开）和匀，作饼。用制就玫瑰糖，加胡桃白仁、榛松瓜子仁、杏仁（煮七次，去皮尖），薄荷及小茴香末擦匀做馅。两面粘芝麻热煤煤。"

玫瑰火饼外酥内嫩，其里层层叠叠，片片起酥。

【面皮】

面粉————————160 克

糖————————10 克

水————————75 克

【油酥】

面粉————————80 克

油————————50 克

【馅料】

玫瑰酱————————100 克

红薯泥————————80 克

熟瓜子仁————————30 克

熟腰果————————30 克

熟花生米————————30 克

【做法】

1. 面粉 160 克，糖 10 克，水 75 克，和成面团，醒 15 分钟。

2. 面粉 80 克放入碗中，50 克油加热到略有青烟，倒入面粉中。

3. 边倒边搅拌，调成油酥。

4. 玫瑰酱、红薯泥放入碗中。熟瓜子仁、熟腰果、熟花生米压碎，放入馅中，拌匀。

5. 面团擀成薄饼，将油酥放入面饼上。

6. 包成包子状。

7. 然后擀开。将面饼折叠。

8. 擀开。

9. 再次折叠。

10. 再次擀开。

11. 将面饼卷起。

12. 切成均匀的剂子。

13. 切口朝上，按扁，擀皮。

14. 面皮上放入玫瑰馅。

15. 包好，收口。

16. 锅中刷少许油，放入包好的玫瑰饼，小火，烙至两面金黄即可。

厨房小语　　　1. 馅料可按自己的喜好搭配。

　　　　　　　2. 油最好选用味道较轻的色拉油或玉米油。

蛰虫坏户

次候 9月28日~10月2日

"七月十五枣红圈，八月十五枣落杆。"夏天展开之后，便是秋的杰作。

打枣，是一场欢乐热闹的"战斗"。

记得老家院子里有三棵枣树。那棵老枣树，顶端分出三四枝大枝杈，枝子的姿势，漫天盘伸，这样那样伸出去，非那么长不可的样子，一股无法按捺的伸张力在每根粗枝上凝聚。

红红的枣儿挂满了一树，枝丫伸到墙外，实在很诱人。矮墙外，是一条窄巷，很长很直，邻家的孩子们上学时都会从这儿经过，顺手摘几个，一面笑一面吃着走了过去。

听祖母说，她嫁过来之前老枣树就在，是从外面拎回来的，也没挑什么吉日良辰，草草率率地种在院子里，就这么把它丢给了时间，后来冒出了枝丫，再后来就长成了一棵大树。

最珍贵而美丽的应该是打枣的时刻，祖父举着杆子打枣，我和祖母拾枣，"哗啦啦"的，枣掉到地上，溜圆、红而饱满，虽小亦鲜明可爱。

一个，又一个，红枣雨掉落如覆盘，掷地有声，真是庭院静好，天地安然。

掉落的红枣在我的脑门上弹了一个脆响的"吧嗒"，树下溢满了甜蜜的笑声。每个枣子的喜悦、芬芳都有我的份。

有些滋味，需等到相当的年岁之后，才能品味出其中的深奥，就像祖母做的枣泥糕。尝不到那种可口的枣泥糕的滋味，已经很多年了。

| 月华升 |

一年有 12 次月圆，中国人却最看重八月十五的中秋之月。这是什么原因呢？古人认为："月者水之精，秋者金之气。"中秋的月华，为月亮周围的光环，被古老的道家称为"金精"，在五行中，金水性相生，水得金还盛，月因秋更清，这是天地之气与时令相感应的结果。

除了赏月，每年中秋，大家都在等另一个胜景，那便是钱塘江的大潮，宋代的苏轼曾有诗云："八月十八潮，壮观天下无。"

自古，月亮的阴晴圆缺主导了世间的阴气。月球引力也能像引起海洋潮汐般对人体中的液体发生作用，称之为"生物潮"。

月圆时，人体的气血、精气神都达到巅峰，从人体来说，要顺应这个时令，奥妙就在一个"水"字上。

经过一个夏天，总会有一些湿热赖在人体内，这是一种"浊水"，要及时排掉，不然湿热会逐渐往下走，影响人体的下焦，下巴长痘，小便痛、发黄，女性白带黄，这些都是下焦湿热的表现。

《黄帝内经》云："月升无泄，月满无补。"意思是：月亮刚刚开始升起的时候，养生宜补不宜泄；月满的时候，宜泄不宜补。因此，仲秋这个月，可用陈皮与老白茶煮饮，白茶退热祛寒、降火解毒；陈皮性温，有理气健胃、燥湿祛痰的功效。陈皮白茶能够帮助我们排出身体的浊水，防止湿气在体内潜伏过冬，让人体的水液调节均衡。

花雕烤闸蟹

是时新秋蟹正肥,不负秋时,更不要辜负了这份甘腴美味。

除了清蒸,大闸蟹还可以烤着吃。花雕烤闸蟹,蟹壳烤得金黄金黄的,肉质紧致,蟹钳也比清蒸吃起来更鲜。花雕酒祛寒,和闸蟹可谓完美组合。

【食材】

花雕酒　100克

姜　1块

大闸蟹　2只

【蘸料】

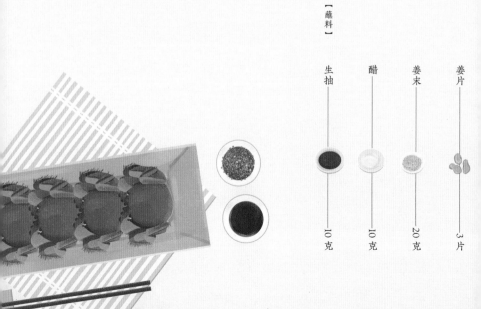

生抽　10克

醋　10克

姜末　20克

姜片　3片

1. 用竹签或尖刀由螃蟹两眼间插入至心脏部位，将蟹杀死，然后解开绳子，用刷子将蟹刷净，充分沥干。大闸蟹、花雕酒、姜片放入大碗中盖上盖，腌制20分钟。

2. 将锡纸剪成10厘米见方大小，准备4张。在锡纸上放上姜片。

3. 将大闸蟹肚子朝下，背部朝上。包好锡纸。

4. 烤箱预热220℃，待烤箱预热好后，将摆好的大闸蟹放入烤箱，上下火，中层，烘烤20分钟左右。烤好后，不要着急打开烤箱门，焖2分钟，再取出。根据螃蟹的大小不同，烤制的时间要相应调整。

厨房小语　　1. 食用前将姜末、醋、生抽调成料汁蘸食。
　　　　　　2. 做之前盆中加淡盐水，没过大闸蟹一半左右，养半小时，让它们把肚子里的脏东西吐干净，再进行后面的操作。

水始涸

黄金周回婆婆家，看到婆婆又晒了一院子的干菜，有长豆角、茄子、萝卜，最多的就是茄子干。

那是门外的菜园子里自家种的菜。婆婆每年都会在菜园里种上 20 棵茄子苗，盛夏是生长旺季，秧子上时常挂满了茄子来不及吃，只好将大个的摘下来，切成片晒成茄子干。

那时，院子里晒满了茄子干，长长的晾衣绳上挂着，屋檐下的墙上钉了钉子挂着，就连窗台间那么窄窄的地方也铺满了一层，这时，若有人推开院门走进来，还真找不到下脚的地方。

耀眼阳光下，只觉那些干菜带有风露与日晒气似的，想来做了肴馔亦饶有日月风露气息。

秋分时鲜

秋分到了，关于秋分的农谚有："梨行卸了梨，柿子红了皮。""秋分收花生，晚了落果叶落空。"听着就很好吃，真是个收获的时节。

在这个多"食"之秋，应季而食，是大自然奇妙的恩赐。

此时是"水八仙"中茭白、莲藕、菱角短暂的上市期。拇指粗的茭白，池中的新藕，湖中的红菱，山上的板栗，田里的芋头，全都如期而至。

水红菱又叫"苏州红"，是苏州人引以为豪的"水八仙"之一。水红菱一般都是生吃，甜甜的、脆脆的，十分爽口，可以清热止渴，不过吃多了容易腹胀，所以就算好吃也不要多吃呀！

没在桂花开的秋分时节下过江南，就别说你懂江南。有人说过，风动桂花香，而我觉得，风动它香，风不动，它依然会香。

在林清玄的《莲花香片》里看到他喝桂花茶的方法是，把桂花和蜂蜜搅拌在一起，再放入酸梅。林先生认为桂花冲水后冰镇，是最可口的喝法。禁不住诱惑，拿桂花来一试，桂花独有的香气氤氲而上，那种温馨曼妙的感觉，清爽而悠远。

　　肉色深黄的板栗，是秋天跌落的美味。栗子在《红楼梦》中多次出现，可以说是贾府常备食材。有史湘云酷爱栗粉糕，有板栗烧野鸡，还有花袭人说：多谢费心。我只想风干栗子吃。让宝玉给她剥栗子吃。风干栗子写入《红楼梦》，身姿便雅了，也就高贵起来。

　　秋分，发现一朵兼顾食用和观赏的"白富美"，它就是百合。在黝黑的土地里，它经历无数次的寒冷和酷暑，几番涅槃重生才修炼成一朵"白莲"。

　　莲子也正是成熟的季节，新鲜的莲子清甜软糯，加入百合，很适合在干燥的秋季润肺安神，要想再滋补一下，也可以放入几块鸡肉，煲些清汤来喝。

　　当然，最不能辜负的就是那一口膏满黄肥的螃蟹，清代戏剧家李笠翁终生痴情于蟹，他在《闲情偶寄》中写道："蟹之鲜而肥，甘而腻，白似玉而黄似金，已造色香味三者之至极，更无一物可以上之。""每岁于蟹之未出时，即储钱以待。因家人笑予以蟹为命，即自呼其钱为'买命钱'。"

葱油茭白

茭白是我国特有的蔬菜，与莼菜、鲈鱼并称为"江南三大名菜"，因营养丰富而被誉为"水中参"，其质地鲜嫩，味甘实，被视为蔬菜中的佳品。

【食材】

茭白————————————2 个

红椒————————————1 个

青椒————————————1 个

【调料】

油————————————15 克

盐————————————3 克

香葱末———————————30 克

香油————————————5 克

鸡精————————————适量

【做法】

1. 茭白去皮洗净，切丝。

2. 红椒、青椒洗净，切丝，香葱切末。

3. 茭白放入锅中，焯水捞出沥干。

4. 锅中放入油、香油烧热，放入香葱末，炸成葱油。

5. 茭白、红椒、青椒放入大碗中，将葱油放入碗中，调入盐、鸡精拌匀即可。

厨房小语　　　葱油不要炸过了，出了香味即可。

寒露，九月节。露气寒冷，将凝结也……菊有黄华。草木皆华于阳，独菊华于阴，故言有桃桐之华皆不言色，而独菊言者，其色正应季秋土旺之时也。

——《月令七十二候集解》

寒露

鸿雁来宾

初候 10月8-12日

外婆家的屋后，有一个大水塘，里面种了藕，端然开着朵朵荷花，那么亭亭，真是带着心事的小女子一般，楚楚得让人生怜，一脸的风情更让人心动，像个江南殷实人家的小家碧玉。

儿时，外婆给我做的每一件衣服上，都能引出一段记忆犹新的故事。她总在我的衣服上面，绣并蒂的莲花、连心的藕。那粉红的花瓣、那绿的茎、那青翠的荷叶，似乎还有一只飞舞的蜻蜓，宛若欧阳修诗里"黄鸟飞来立，摇荡花间雨"的意境，生怕惊动人世。

到了秋意渐浓、丹桂飘香之时，能采许多的莲藕。

"中虚七窍，不染一尘。岂但爽口，自可观心。"这是宋代诗人赞美莲藕的诗句。外婆告诉我，新采的嫩藕胜太医。莲藕有七孔和九孔之别。九孔莲藕食之无渣，生吃熟吃都脆嫩清香，而且这种莲藕是无丝的。七孔莲藕折断时，在两个断面之间有细丝相连。唐代孟郊《去妇》诗有："妾心藕中丝，虽断犹连牵。"可谓生动。

两种莲藕特性不同，吃法也不一样。七孔莲藕含淀粉多，水分少，糯而不脆，适宜做汤；九孔莲藕水分充足，脆嫩、汁多，凉拌清炒最佳。

我最爱吃外婆做的桂花藕片，爽脆鲜嫩的藕片浸在黏稠的桂花糖汁内，细细碎碎的黄色桂花瓣点缀其中，隐隐约约透露出一种缠绵香气。

| 润燥补血 |

秋凉空了花香。

空气中蒸腾着桂花的香味，或浓或淡，皆取决于风的力气。

《诗经》300余首，满是"鸟兽草木之名"，写遍了百花，"彼泽之陂，有蒲与荷""彼泽之陂，有蒲与蓮蕑"，让人遗憾的是，竟然没有"桂"。

"广寒香一点，吹得满山开"，古人把桂花的香气称为广寒香。季秋之月，桂花最了不起的功效是调养、滋养肝血，对女性而言可调理由于肝郁导致的月经不调。

东方女性体质易偏阴寒，而气郁、血寒都容易导致血瘀，桂花性温，既舒肝气，又散寒气，有通瘀的作用，它的香气可以抵达身体的角落，化瘀效果甚至比玫瑰还要好。

明朝养生学家高濂的《遵生八笺》里，有用桂花做汤的方子，称为"天香汤"。

古方天香汤：木犀盛开时，清晨带露用杖打下花，以布被盛之，拣去蒂萼，囤在净瓷器内。候聚积多，然后用新砂盆捣烂如泥。木犀一斤，炒盐四两、炙粉草二两，拌匀，置瓷瓶中密封，曝七日。每用，沸汤点服。一名山桂汤，一名木犀汤。

桂子天香汤：用半开的桂花 3~5 克，甘草 5 克，冰糖一小块，沸水冲泡代茶饮。桂花辛温，和甘味的甘草配合，对提振阳气、滋养肝血有益。

长寿桂花果茶：用干桂花 3 克，干佛手果片 9 克，砂仁 6 克，一起泡茶即可。可祛湿气、温中散寒、固护脾胃。

桂花秋藕卷

桂花秋藕卷,藕片内卷入萝卜、金糕,色泽鲜艳,味道清新,透着一缕莲藕的清气;莲藕入口的微甜,齿鸣未已,萝卜脆脆爽爽,金糕酸酸甜甜,浮着一些细小的六瓣五瓣糖桂花,弥漫着若有若无的香气。在这温和甜润的芬芳中,隐隐约约透露出一种缠绵清甜。

【食材】

藕————————————1 段

绿萝卜———————————1 段

胡萝卜———————————1 根

山楂糕————————————100 克

【调料】

白醋————————————20 克

糖—————————————15 克

糖桂花————————————适量

【做法】

1. 藕去皮,切薄片,切得越薄越好,厚了卷不起来。

2. 放入锅中,焯熟,捞出沥水。

3. 绿萝卜、胡萝卜洗净,切丝;山楂糕切丝。

4. 取一藕片卷入适量绿萝卜丝、胡萝卜丝、山楂糕。

5. 取一小碗,按照个人口味放入糖、白醋、糖桂花,调匀。

6. 将调好的糖醋汁倒入藕卷中,浸泡 30 分钟即可食用。

厨房小语　　1. 蔬菜与调味料都可按自己的喜好搭配。

2. 没有糖桂花,可用蜂蜜代替。

茱萸"辟邪翁"，菊花"延寿客"，给重阳站台几千年。

今日重阳。

《易经》说，九为阳数，九月九日，重九之数，是阳气极盛时。因月、日两九相重，九为阳数，借由这个对中国人来说有着"无限"意味的数字，踏秋，祭天祭祖，佩茱萸，饮菊花酒，祈求长寿，过成了佳节。

"遥知兄弟登高处，遍插茱萸少一人。"小时候背这首诗时，便一直疑惑，这里的"茱萸"到底是什么？重阳节为什么要插它啊？

茱萸对于重阳节，就如同艾叶对于端午节那么重要。《风土记》曰："九月九日，律中无射为数九，俗尚此日，折茱萸房以插头，言辟除恶气而御初寒。"

重阳节正是一年秋冬之交，阴寒之气即将成为天地间的主宰，而茱萸气味辛辣芳香，性温热，可以治寒驱毒。

茱萸分三种，常用的有吴茱萸和山茱萸。

山茱萸可作补药。带着籽叫山茱萸，去了籽就叫山萸肉。凡是肾虚的人，无论阳虚阴虚，都用得上山茱萸，它可以平补阴阳，专补精气不固。吴茱萸，在重阳节时，可以插在头发里，或佩带于手臂上，或作香囊佩带，会有一股辛香气环绕身侧。将它研末用醋调后贴敷脚心可以引火下行，治疗口腔溃疡、高血压，还可以止小儿咳嗽。

有心仿古的朋友，可以去中药店买些吴茱萸，它散寒助阳，可以当作秋冬这段时间的香囊主料。

提到秋天，少不了的便是菊花。菊花可以泡茶，也可以泡酒。昨日空闲的时候，做了甘菊花浸酒。将菊花用自酿的米酒浸泡一晚上，今天滤出，小酌几杯，清香扑鼻，既应了一回今日重阳的景，又有些许的秋天的味道。

雀入大水为蛤

| 防秋咳 |

不是所有咳嗽都适合吃秋梨膏。

寒露后，气温渐渐下降，雨水越来越少，天气变得干燥。虽然寒凉，但此时是寒在皮肉，寒不到骨。

寒露风一吹，世间万物都被抽了水，"燥邪"肆虐，"喜润恶燥"的肺便受不了了。燥邪袭人之时，更易通过干燥的口鼻呼吸道或皮肤毛孔而侵犯入肺，引起咳嗽。秋咳的人多了起来，燥邪袭表时会有温燥、凉燥两种，所以不是所有咳嗽都适合吃秋梨膏，要分清楚寒热才行。

中秋前后，秋阳仍燥烈，余热未退尽，肺遭受温燥之邪侵袭，多属温燥咳嗽；深秋时节，天气渐冷，寒风肃杀，如寒燥之邪犯肺，多为凉燥咳嗽。

温燥咳嗽，多为脏腑有热，表现为干咳连连、声音洪亮、少痰、喜喝水、舌头发红、舌苔黄而干。受温燥影响的人多为阴虚燥热体质。

凉燥咳嗽，多为燥气与寒气结合入侵，咳少声低，多有白痰，痰液清稀，夜咳也多为寒咳，口干却不想喝水，舌尖淡红，舌苔白而润。受凉燥影响的人多为气虚阳虚、偏寒体质。

温凉燥邪不同，缓解方法也不同。温燥应吃偏凉的食物养阴，如百合、银耳、藕、沙参、甘蔗、荸荠、玉竹等，也可以喝茅根竹蔗马蹄水，我在前面已经介绍过。缓解凉燥则适合吃偏温的食物，如杏仁、陈皮、淮山、紫苏叶、胡萝卜等。辛散调理凉燥的小方法：用紫苏叶煮水喝。

看完这些，你咳嗽时还会马上想到川贝炖雪梨、秋梨膏吗？

记住，下次咳嗽了，先辨别清楚是温燥咳嗽还是凉燥咳嗽，如果治疗不对症，可能会适得其反。

教你做治咳嗽的良方——蜜金橘。

蜜金橘以金橘、冰糖、蜂蜜制作而成，可养胃健脾、清热解毒，对久咳不愈、食欲不振、防止感冒等有一定效果，既可以直接当零食吃，也可以加热水冲饮，化痰止咳还消食。

蜜金橘

【食材】

金橘————————————400 克

蜂蜜————————————30 克

冰糖————————————50 克

【做法】

1. 盆里倒入清水，撒入少许盐，浸泡金橘10 分钟，清洗干净后晾干。

2. 将金橘纵向等距切 5~7 刀，不要切得过深，否则容易断。

3. 切好的金橘用手指按扁。

4. 全部做好后放入锅中，加冰糖和适量清水。烧开，转小火慢煮10 分钟，直至糖水浓稠。

5. 关火后淋入蜂蜜，把金橘放入玻璃罐，放进冰箱冷藏一天即可食用。

厨房小语　　　金橘切勿去皮。金橘的所含维生素 C 的 80% 都集中在果皮上。

菊有黄华

你知道的菊，是我知道的菊吗？

季秋之月，菊有黄华。菊，花之隐逸者；菊，秋膳中当之无愧的 C 位。

《五杂俎》是最早记载吃菊花的文字，有"古今餐菊者多生咀之"的叙述。明代高濂的《遵生八笺》还有制作菊花散、菊苗粥和饮菊花酒的记录。在众多菊馔中，因有陶渊明和慈禧撑腰，菊花火锅显得分外尊贵。菊花火锅，也叫菊花暖锅，流行于江浙一带，它与重庆麻辣火锅、广东海鲜打边炉、山东肥牛小火锅、北京羊肉涮锅一起被称为"中国五大火锅"。

甚至在《川菜烹饪事典》中也收录有菊花火锅，为此麻辣菊花锅和养生菊花锅表示，"我们也是'官宣'了的"。

据传菊花火锅始自陶渊明。有一年冬天，陶渊明食火锅时忽发奇想，若将菊花瓣撒入火锅，其味定然不错。于是他将庭园中盛开的白菊花剪下来，掰下花瓣洗净，投入火锅中，一吃之下不但味道鲜美，而且清香爽神，菊花火锅就此传开了。

至清代，据德龄郡主《御香缥缈录》记载，菊花火锅被慈禧太后列入冬令的御膳之中。慈禧的菊花锅，用的是一种名叫"雪球"的白菊花。每至深秋初冬，御膳房每日都会采摘鲜白菊数朵，用明矾水漂过，清水洗净；在火锅内兑入鸡汤煮沸后，将白菊花瓣撒入锅中，然后让慈禧用暖锅汤涮入食材食之，芬芳扑鼻，别具风味。

我做菊花火锅，用的是鱼骨熬制的火锅底汤，再加入洗净的杭白菊，待菊花清香渗入汤内，再将生肉片、生鱼片等入锅涮熟。

以一个吃货的经验来说，菊花火锅最好是涮鲜鱼片，火锅里菊香阵阵，花儿沉浮，自有一种雅趣。

菊花锅味碟有辣椒油、醋、芝麻酱、花椒油、韭菜花、腐乳等十多种调料，可依据自己的口味调配。

三两知己，窗边围炉，吃着菊花火锅，三杯两盏淡酒，可敌晚来风急。

秋季宜食白。

今年北京冷得有些早，秋风瑟瑟，朋友圈里分两派，一派是"贴秋膘派"，另一派是"大闸蟹派"。

时至寒露，百果收仓，万物凋敛。对秋天的想象力，怎么能只局限于肉和螃蟹，我们还可以吃什么，来度过一个秋意正浓的秋天？

同样是表达对秋天的热爱，北方人无法理解南方人对银杏的热爱。江南旧年有小贩挑着担子，唱着吴侬调子的谣曲：烫手炉来热白果，要吃白果就来数。

俗语说，秋季宜食白。秋燥伤肺，耗人津液。而白果性平，润肺益气正合宜。然而白果带有微毒，以往小儿吃白果总被大人喝止，每日只许吃上三五粒。

除了白果，一碗暖暖的莼菜羹，能在深秋打开胃口和心房。莼菜名气如此之大，与西晋时期的一位名叫张翰的人分不开，他宁肯不做官，也要回去吃他的莼菜和鲈鱼。莼菜是水生蔬菜，具有清热、利水、消肿、解毒的功效。

临近 11 月，深秋茨菰上市了，茨菰是个"嫌贫爱富"的蔬菜——如果清炒有淡淡的苦味，与肉搭配烹饪，苦味就会消失。中医认为茨菰性味甘平、生津润肺、补中益气，对劳伤、咳喘等病有独特疗效。

地黄是随处可见的一种植物，人行道旁，绿化带中，不经意间，都能看到它的身影。寒露至立冬收获地黄，鲜地黄为清热凉血药，制成干地黄为凉血补血药，制成熟地黄则为补益药。

鲜地黄可以用来煮生地粥或者凉拌地黄丝。也可用鲜地黄 125克，鲜藕、秋梨各 500 克，适量蜂蜜，煮地黄藕秋梨膏，可养阴清热、生津润肺、润肠通便。

菊花鸡丝

菊花是一种药食同源的常见鲜花，功效非凡，能清热解毒、生津止渴、清肝明目、降脂减肥。

菊花鸡丝是一道鸡肉鲜味与菊花清香相融合的美味佳肴，不仅色泽艳丽，而且味道鲜美、花香馥郁，富于营养。吃到嘴里，菊花的冷香、鸡丝的鲜咸清爽，挑逗着你的味蕾。特别提示，有胃病的人不太适合食用这道菜。

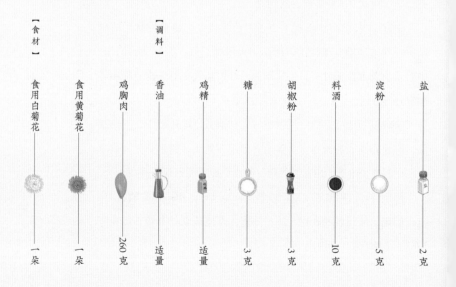

【食材】

食用白菊花 　一朵

食用黄菊花 　一朵

鸡胸肉 　260克

【调料】

香油 　适量

鸡精 　适量

糖 　3克

胡椒粉 　3克

料酒 　10克

淀粉 　5克

盐 　2克

1. 将菊花瓣用淡盐水浸泡两
小时。

2. 将鸡胸肉切成筷子粗细，
用盐、淀粉、料酒、胡椒粉、
糖拌匀，腌10分钟。

3. 锅中加水，等水开后将鸡
丝放在锅里，小火烧开后，
捞出沥水。

4. 锅中放油，将鸡丝放入锅
中翻炒。

5. 放入菊花瓣炒匀。出锅时
调入香油、鸡精即可。

厨房小语　　1. 菊花瓣是食用菊花，可在网上购买，用淡盐水浸泡可杀菌。

2. 鸡丝用水滑透可减少油的用量。

霜降，九月中。气肃而凝露结为霜矣。《周语》曰：驷见而陨霜。……草木黄落。色黄而摇落也。

——《月令七十二候集解》

霜降

"秋末晚菘"呼之，则六朝烟火气扑面而至。菘，就是大白菜。

"秋末晚菘"之语出于《南齐书》，周颙于钟山西立隐舍，清贫寡欲，终日长蔬食，卫将军王俭问他："卿山中何所食？"答曰："赤米白盐，绿葵紫蓼。"文惠太子问："菜食何味最胜？"曰："春初早韭，秋末晚菘。"

总觉得没吃出秋末晚菘的美味来，也没有如李渔所说："菜类甚多，其杰出者则黄芽……每株大者可数斤，食之可忘肉味。"大白菜食之可忘肉味，似乎有些夸张。这平常的白菜，能让人吃得暖心暖肺倒是真的。

白菜的极品做法是开水白菜，这里的"白菜"还是那个白菜，可"开水"却不是那个开水。"开水"是噱头，其实是一种"有内容"的清汤，要用老母鸡、鸭、宣腿、蹄髈、干贝、排骨吊汤，汤要味浓而清，清如开水一般，端上桌的菜，乍看如清水泡着几棵白菜心，一滴油花也不见，但吃在嘴里，却清香爽口。开水白菜事实上是一款高级清汤菜。

最是平常的大白菜，吃了几十年，依然会按时出现在我的餐桌上，无非是炒、炖罢了。其实家常白菜也有很多精细烹调的做法，最爱的是一道如意白菜卷。将控干水的白菜叶平铺在案板上，肉馅均摊在白菜叶上抹平，然后卷成菜卷，用香菜梗捆扎系好，码在盘子里。取一小碗，将鲜汤、少许酱油、猪油、盐、味精放入调成汁，浇在白菜上，上笼清蒸20分钟取出，盘中的白菜，盈盈漾漾，鲜美醇酽。

每个人所追求的生活方式是不同的，就像一棵白菜，你可以做得简单而清淡，也可以烦琐得荡气回肠，个中滋味，只有靠每个人自己去品味了。

| 白雁霜信 |

霜降节气，有一个有趣的自然现象，就是"白雁霜信"。

北宋沈括《梦溪笔谈·杂志一》中记："北方有白雁，似雁而小，色白，秋深则来。白雁至则霜降，河北人谓之'霜信'。杜甫诗云：'故国霜前白雁来'即此也。"

霜遍布在草木土石上，俗称打霜，早在 2000 年之前的汉代，在《氾胜之书》中就有记载："芸苔足霜乃收。"意思是要到打了霜之后才收萝卜，否则口感会苦涩。

据传西晋的陆机也说过：蔬茶，得霜甜脆而美，民间更有"霜打蔬菜分外甜"的说法。

记得以前在老家时，每年冬天，菜园里有厚厚的积雪，拨开雪之后，下面就是黄心黑边的蔬菜，就像范成大所写："拨雪挑来踏地菘，味如蜜藕更肥醲。"

"浓霜打白菜，霜威空自严。不见菜心死，翻教菜心甜。"白居易这首白菜诗中，白菜经霜去了涩，甜润润、脆生生，只觉诗意淳朴淡静，滋味雅正，也恰是那霜白菜的味道。

吃货们也早就发现了，有些蔬菜经过霜打后会更加好吃，主要是十字花科的蔬菜，比如北方的大白菜，南方的有江浙的黄心乌塌菜、湖南的白菜薹、湖北的红菜薹，经霜之后都变得更加甘甜、软糯，口感诱人。

经霜打过的蔬菜，把毕生的甜味都锁于其内，只待一朝开启，惊艳世间。

蒜蓉红菜薹

红菜薹，又名芸菜薹、紫菜薹等，是武昌特产，在唐代时已是名菜，历来是湖北地方向皇帝进贡的土特产，曾被封为"金殿玉菜"，与武昌鱼齐名，是湖北人桌上必备之菜。

红菜薹可以清炒、醋炒、麻辣炒。炒红菜薹很多人会忽略加醋这一步，导致炒出来的红菜薹不脆或发苦，但切记不要过早添加，要出锅前加，才能让红菜薹碧色中带紫，口味鲜嫩爽口。

【食材】

红菜薹————————500 克

【调料】

蒜————————5 瓣
盐————————2 克
醋————————10 克
油————————适量

【做法】

1. 紫菜薹清洗干净，撕掉老根，折成大小适中的段。

2. 蒜切末。

3. 热油锅，爆香蒜蓉；倒入紫菜薹肥茎翻炒。

4. 再下嫩茎翻炒至断生。

5. 熟时加盐、醋调味即可出锅。

草木黄落

花园，在街口。

连绵的暮秋冷雨，滴落在凋衰的荷叶上，一滴一滴地从荷叶上滑落，在水面上荡出一个个完整的、圆圆的圈，很惬意，有点眩目。明代陆采在《怀香记·索香看墙》中写："芰荷池雨声轻溅，似琼珠滴碎还圆。"

人生落幕时，谁能最后画出这么个完整的圆呢？

今日，当我穿过花园，蓦然回首，秋的落寞袭满荷塘，花落叶枯，流水也减去了几分碧色。不觉心头浮现出李商隐的诗："秋阴不散霜飞晚，留得枯荷听雨声。"

荷叶入馔历史悠久，唐代时已有"荷包饭"美食。柳宗元诗云："郡城南下接通津，异服殊音不可亲。青箬裹盐归峒客，绿荷包饭趁虚人。"诗中所说的"绿荷包饭"，就是如今在广州和福州一带的茶楼酒家里流行的地方名食"荷包饭"。

美食家陆文夫曾写道：春吃酱汁肉，夏吃荷叶粉蒸肉，秋吃五香扣肉，冬吃酱方肉。在这样的季节，若是不吃上一回荷叶蒸肉，真有点对不住"江南可采莲，莲叶何田田"之美意。

张爱玲在《心经》中，心心念念地写过荷叶蒸肉这道江南菜，唇齿留香间，更有着"莲香隔浦渡，荷叶满江鲜"实质意境。

荷叶色青气香，入馔味清醇，不论鲜干，皆可食用。鲜可解暑清热，干可助脾开胃，还有降血脂、降胆固醇的作用。

| 合时淡补 |

天气渐凉，"皇上""娘娘"们要保重龙体、凤体哦！

霜降之时，已值深秋，草木黄落、蛰虫始眠，早晚已有冬意，薄以寒气则结为霜。

霜降在五行中属土，土气津液从地而生，脏腑对应土气的就是脾胃，根据中医养生学的观点，四季有五补：春升补，夏清补，长夏淡补，秋平补，冬温补，此时与长夏同属土，所以应以淡补为原则，且要补血气以养胃。

民谚："立秋核桃白露梨，寒露柿子红了皮。"秋日于我，就是一树树火红的柿子。

《随息居饮食谱》中说："鲜柿甘寒，养肺胃之阴，宜于火燥津枯之体。"鲜柿具有清热润肺、生津止渴、健脾益胃等功效。

吃一口甘润的柿子，无论软柿子脆柿子，皆可清燥火、润肺胃。柿子还是天然的醒酒药，古代就被用作防醉和消除宿醉。

然而柿子性寒，是阴性水果，脾胃虚寒的人不适合常吃，可以常吃的是柿饼，或蒸吃，或煮柿饼茶。

小时候我脾胃弱，母亲就用红红的软软的烘柿子去了皮，把果肉和小米一起煮粥给我喝，做时要将小米的米油煮出之后再放入柿子果肉，这样最养胃气、健脾胃、温肾阳。这碗柿子粥可被评称为秋季食疗第一名。

去燥，清虚火，助秋气肃降，让阳气潜藏，这是霜降该做的调养。若阳气该藏不藏，虚火就容易上来，喉咙痛、牙痛、心脏不适、气滞胸闷等，都是时气病。

如今，进补的东西纷繁芜杂，反而忽略了当季的萝卜。古时候称萝卜为"仙人骨"，有"十月萝卜小人参"的说法。治时气病，还要用当下的食材。"生吃萝卜通气，熟吃则下气"，胃滞气导致的胃疼、反胃，都可以吃萝卜解决。

霜降时节，也是吃粥的好时候，可用山药、白萝卜、莲藕一起煮一碗三白粥。这个粥可清虚火、清浊气、润燥，助力阳气收藏，降低阳气外泄。

菊苣虾仁沙拉

别以为它是娃娃菜。

欧洲菊苣，又叫金玉兰，学名芽球菊苣。它的乳黄色嫩芽似娃娃菜，很多人误以为自己吃的是娃娃菜。

欧洲菊苣脆嫩多汁、清香爽口、苦味清淡，余味淡甜，营养丰富，也算是对得起它昂贵的价格。

欧洲菊苣可以健胃、利尿、清热败火，清洁肠胃和助消化。用它的根做的咖啡有令人放松的功效。

吃时把叶瓣剥下，整片叶蘸酱，或做成鲜美开胃的凉拌菜。这种蔬菜选育成功仅有百余年，却已成为世界各地尤其是欧美地区人们的饮食宠儿。

【食材】

紫胡萝卜 1根

芝麻菜 40克

小番茄 4个

黄瓜 1根

虾仁 50克

菊苣 1棵

【调料】

黑椒碎 适量

千岛酱 适量

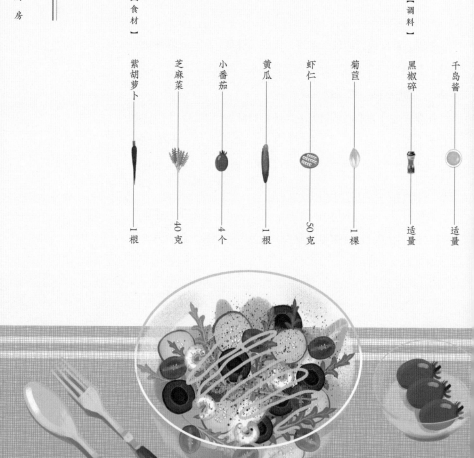

1. 芝麻菜切去底部，备用。

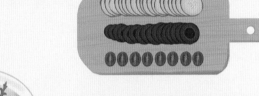

2. 黄瓜、紫胡萝卜洗净，切
片；小番茄切块。

3. 菊苣、芝麻菜洗净。

4. 虾仁放入锅中煮熟。

5. 所有食材放入沙拉碗中，
撒上黑椒碎。放入千岛酱拌
匀即可食用。

莲花其实就是荷花，在还没有开花前叫"荷"，开花结果后就叫"莲"。

僧问智门："莲花未出水时如何？"智门云："莲花。"僧云："出水后如何？"智门云："莲叶。"

一问一答，尽是生活的禅意。

今年的新莲子，清丽中带着傲骨，用它炖雪耳莲子羹再合适不过。其实，我发现单独煮莲子要比加了雪耳更爽口好吃，莲子这东西清气，单独煮炖，既汤色清澈又甘甜。

莲子是荷的果实，莲子素有"莲参"之称。《本草纲目》中称莲子："莲之味甘，气温而性涩，禀清芳之气，得稼穑之味，乃脾之果也。"

莲子煮熟吃，作用于心脾，有补益的作用，体虚的人可长期食用。

古人的秘法：生吃干莲子补胃。将干莲子细嚼后咽下，用古人的话说就是：比吃什么药都强。

中秋之后，一直没断了吃雪耳，秋燥时节就想吃清火润燥的东西，雪梨炖雪耳，最是清火润肺。

有人说：燕窝太华丽，雪蛤太补，还是雪耳最厚道。

雪耳功效和燕窝相似，能够滋阴养肺，价格却比燕窝低得多。

其实，雪耳与谁在一起，功效大不同哦！

雪耳和百合同煮，适合口干便秘的人。雪耳和百合、莲子可以一起煮，是一个平和补气的方子，大人和孩子都可以喝。雪耳和大枣同煮，可补气血两虚，但如果是湿气很重的人，长期吃会湿气加重。雪耳和桂圆同煮，适合血虚体寒的人。雪耳和枸杞同煮，补肾虚的效果更佳。雪耳和西洋参同煮，补气。

雪耳莲子清如许，养心健脾补心气，清香淡远甜悠，绵长四溢，叫人俯仰间触到一股清芳之气。

至日闭关，即可飞升上仙。

说起霜降，便会想起《西厢记》里的《长亭送别》："碧云天，黄花地，西风紧，北雁南飞。晓来谁染霜林醉？总是离人泪。"

"寒露不算冷，霜降变了天"，从霜降到立冬，这 15 天的季节变换是十分明显的，往往是北方一年之中气温下降速度最快的时段。

就像黄庭坚的诗里写的："霜降水反壑，风落木归山。冉冉岁华晚，昆虫皆闭关。"

霜降三候蜇虫咸俯。咸是皆，俯首帖耳的"俯"是低头，卧而不食，就是冬眠。霜降后，对气温敏感的小虫小兽们，在洞中不动不食，以睡眠的姿态躲避严寒与风霜，懒懒睡上一觉，一觉醒来，又是温暖的春天。弱小的生命也有智慧的生存本能。

昆虫都"闭关"了，人也应该避入室内休息，避免剧烈运动。古人"霜始降，则百工休"，准备开始"猫冬"，是很聪明的做法。

春夏养阳，秋冬养阴。为何讲究秋冬养阴？阴就是人体的水液，也包括血液。霜降时河水枯落，在人体内就反映为缺乏水液滋养，特别是血液，养阴的一个主要任务就是养血。

最伤阴血的就是熬夜，霜降，已经进入深秋的后半月，秋气伤肝，肝血不足时，人容易在子夜失眠，脾气急躁，甚至双目干涩，指甲变薄，手脚发麻；上至心脏，下至大小便，都会受影响。

此时要滋养肝血，特别注意不要熬夜，养好了肝血，到立冬，就要开始补肾的工作了。

烤鸭

秋高鸭肥，没有一只鸭子可以活过深秋。

在秋天，鸭子多食少动，储备了肥膏准备过冬，肉质比夏天结实、鲜嫩。每年重阳节之后的鸭子最好吃。

北京烤鸭，肥厚多脂，简直是上天赐给北方人贴秋膘的最好礼物。烤鸭，鸭皮油润发亮，香脆酥松，鸭肉鲜嫩，食之腴美香醇，外焦里嫩，满口留香，堪为色香味三绝。

【食材】

鸭子————————————半只

【调料】

姜————————————1块
葱————————————1段
生抽————————————15克
大料————————————3个
花椒————————————3克
盐————————————4克
料酒————————————20克
麦芽糖————————————10克
白醋————————————5克

【配料】

甜面酱————————————40克
白砂糖————————————5克
蚝油————————————10克
香油————————————5克
葱段————————————1碟
黄瓜条————————————1碟
荷叶饼————————————适量

【烘焙】

烤箱中层，上下火，分别是180℃，15分钟；210℃，烤约40分钟。

【做法】

1. 鸭子放入盆中，姜、葱、生抽、大料、花椒、盐、料酒加入盆中，冷藏过夜腌制12~24小时，中间翻动几次。

2. 麦芽糖加白醋调成脆皮汁。

3. 烤盘内铺锡纸，腌好的鸭子放在烤盘中，用厨房纸擦干。

4. 预热烤箱180℃，待烤箱预热好后，将鸭子放入烤箱，上下火，中层，烘烤15分钟，主要目的是将鸭子表皮烤干。

5. 鸭皮烤干爽后，在表皮均匀刷上一层脆皮汁，用锡纸把鸭腿和鸭翅膀包裹。

6. 将温度调至210℃，再次放入烤箱，烤制40分钟左右，每隔10分钟刷一次脆皮汁。

厨房小语　　1. 鸭子表面的水要擦干，不然鸭子的皮烤出来会不脆。
　　　　　　2. 没有麦芽糖可用蜂蜜代替。

冬藏

立冬

小雪

大雪

冬至

小寒

大寒

立冬，十月节。立字解见前。冬，终也，万物收藏也。水始冰。水面初凝，未至于坚也。地始冻。土气凝寒，未至于拆。

——《月令七十二候集解》

立冬

水始冰

这个戊戌年，告别了太多。

金庸、李敖、李咏、臧天朔、斯坦·李、霍金、樱桃子。

不知不觉间，那些曾经伴随我们年轻时代的经典，悄然消失在人们的视野中。

农历十月初一，是传统的寒衣节。它和清明节、中元节一起并称中国三大鬼节。

鬼节，都是通灵的日子。传说，阎王爷会在这一天给阴间的鬼魂放假，让它们来人间领取在世的家人给它们送的"钱物"，然后在天亮前赶回阴曹地府。人们在这天要给先人扫墓，焚烧用纸做成的衣服，让先人在冬天有衣服御寒。

寒衣节，由先秦的迎冬礼仪演变而来，《礼记·月令》记，农历十月是立冬的月份。这一天，天子率三公九卿到北郊举行迎冬礼，礼毕返回，要奖赏为国捐躯者，并抚恤他们的妻子儿女。

《梦粱录》曰："朔日朝，廷赐宰执以下锦，名曰'授衣'。"十月朔俗称授衣节，唐朝"授衣节"居然放假15天！

十月一，烧寒衣。为逝去的人送"御寒衣物"，是世道人心最直接的体现方式之一，寄托着今人对故人的怀念，承载着生者对逝者的悲悯。这一天也标志着严冬的到来。寒衣节如今很少有人过了，但表达感恩的精神内核应该传承下去。

寒衣节，温暖过冬。愿逝去的人，在另一个世界也能享有温暖。

玄阴戒寒

抵御即将到来的寒冬，穿啥秋裤，吃羊肉啊！

《内丹秘要》中有记载："农历十月，玄阴之月，万物至此归根复命。"一年时序到了此时，一切生物的活动即将告终，准备藏伏避寒。

农历十月，这个月阴气极盛，劲杀万物。立冬、小雪都在这个月，天地闭塞，不交不通。正如《遵生八笺》载："孟冬之月，天地闭藏，水冻地坼。早卧晚起，必候天晓，使至温畅，无泄大汗，勿犯冰冻雪积，温养神气，无令邪气外入。"百虫闭关，草木归根，万物都开始收藏蓄养，人在此时，也应早睡晚起，保证充足的睡眠。

羊肉性温热，冬季食用，益气补虚、抗寒。身在北方的亲，现在可以吃起来御寒了，如果身体怕热，常大便燥结，可搭配萝卜、冬瓜等凉性蔬菜食用。

黑椒羊肉汤，食材羊肉500克，黑胡椒粒10克，陈皮6克，生姜15克。先将羊肉洗净切块，起锅爆香。然后把黑胡椒、陈皮、生姜洗净，与羊肉一齐放入锅内，加清水适量，武火煮沸后，文火煮1小时左右，调味食用。

干姜肉桂羊肉汤，用羊肉500克，肉桂5克，当归15克，干姜15克，共炖至肉烂，调入盐，趁热吃肉喝汤即可。

很多人觉得胡椒、肉桂是热性的东西，吃了会上火，其实这就错了，胡椒粉是温补的，整个冬天都可以用，煲汤时放一些，既补肾又暖胃。而对于燥热的羊肉汤，胡椒还能防止上火。

说到胡椒，黑胡椒与白胡椒的区别在哪？黑胡椒脱了皮，就是白胡椒，白胡椒是没穿衣服"裸奔"的黑胡椒。白胡椒去皮后就没有黑胡椒味道浓郁了。

肉桂虽是热性的，只要不过量食用，就和胡椒一样，有引火归元的功效，能把羊肉的热性导引到人体的下焦，让阳火回归到人体的本源。

焖锅羊排

天气有点寒，日子可以暖。

在寒冷的日子里，来上一盘热乎乎的羊排，香浓滋味瞬间经过喉咙流到胃里，让人身心都温暖了起来，暖暖的感觉让人既饱足又幸福。

焖锅，没你想得那么复杂，其实只需要一碗酱汁。先把羊排煮至九成熟，再把所有的食材在锅里码好，倒入酱汁焖着就行啦，然后就能舒舒服服地享受香浓的滋味，吃完了还可以添水继续涮火锅。

焖锅的重点在于焖，除了酱汁不要额外加水，完全用蔬菜的水分加上酱汁的美味一焖到底。

【食材】

羊排	800 克
土豆	1 个
胡萝卜	1 个
西蓝花	100 克

【调料】

蚝油	35 克
甜面酱	30 克
番茄酱	30 克
酱油	15 克
蜂蜜	15 克
料酒	15 克
盐	2 克
糖	8 克
水	50 克
葱	1 段
姜	1 块
蒜	4 瓣

【做法】

1. 羊排洗净，煮锅里倒入足量的清水，放入羊排，大火烧开。待水沸腾后转中火继续煮，用勺子撇去浮沫，放入葱、姜，盖上锅盖将排骨煮至九成熟（30~35 分钟）。

2. 土豆和胡萝卜去皮后切成大块，西蓝花掰成小朵。

3. 开始调酱汁：蚝油、甜面酱、番茄酱、酱油、蜂蜜、料酒、盐、糖、水放入碗中，搅拌均匀，酱汁就调好了。

4. 砂锅里放入适量的食用油，油烧热后加入大蒜，炒出香味。

5. 倒入土豆、胡萝卜块和西蓝花，翻炒均匀。

6. 然后放上煮好的羊排。

7. 再将调和好的酱汁倒在上面，均匀铺在羊排的表面。

8. 盖上锅盖，小火慢焖。待汤汁变少、黏稠即可。

厨房小语

1. 蔬菜可依自己的喜好搭配。

2. 最好用耐高温的砂锅来做，保温效果好。

老妈的"囤货史",一棵大白菜背后的中国式生活哲学。

谁家阳台还没百十来斤大白菜?这就是你没见过的北方人冬天的囤白菜。大蒜也不能少,一辫子一辫子地挂满储藏室的墙,地上戳着几捆大葱,足能吃到来年开春。

立冬之时,老北京最隆重的入冬庆典,是囤菜。曾经,白菜是一个时代的象征,冬储大白菜,俨然成为北京人乃至北方各地人们不可或缺的民间"习俗"。

早年间,由于地理、气候的原因,冬天整个北方地区都缺少蔬菜。北风一起,冬天一到,人们就开始储存蔬菜以备过冬,大白菜成为过去许多年里冬季的当家菜。

在那个岁月里,街道上白菜都整齐地码成高高的菜垛,等着人们搬回家,成了一道独特的风景。而家家户户的屋檐下,层层叠叠地摆满了白菜,青绿的叶子齐齐地向外摆放,恰似一道绿色的墙,让人心里觉得踏实,也是此后长达半年的肃杀日子里的一抹难得的绿色。

母亲在立冬前就着手整理阳台,给这些宝贝大白菜腾地儿。等到立冬这几天,她要组织一家人专门把大白菜全搬运回家。

在不少人的印象中,白菜很普通,并没有这样那样的诗意,它是充满世俗味道的蔬菜,但在漫长的冬季里又少不了它。

小时候,我最爱看母亲做擂椒白菜,擂椒白菜是一道很有趣的菜,这个菜的做法来自在湖南、四川、贵州等地都很盛行的民间菜擂茄子。擂是捶、捣碎的意思。

母亲有着数不清的烹调白菜的方法,就这样用粗茶淡饭,让清清淡淡的日子也能过得活色生香,人间有味是清欢不过如此。

| 补肾日 |

立冬日,补肾日。

立冬之后,天寒地冻,人体阳气闭藏。寒为冬季主气,肾对应冬季，在冬季最主要的功能就是"藏精"。

这时，人体的阳气也随着自然界的转化而潜藏于内，中医认为，冬天主肾，肾主一身之阴阳，要养阳护阳、补肾藏精、养精蓄锐。

立冬补肾阴经典汤方：墨鱼干煲筒骨汤。这个汤立冬后可以经常喝，特别是岭南地区，这个时节燥气仍然很重，补肾阴可生津液。墨鱼汤是比较平和的大补汤，老少皆宜。阴虚的朋友，特别是经常熬夜或更年期女性，如果喝了觉得身体舒畅，可以在整个冬天时常做一些来喝。但在感冒、痰多、咳喘以及急性病发作期间不宜喝，女性在月经期也不宜喝。

墨鱼肉性味平、咸，有养血滋阴、益胃通气、去瘀止痛的功效，《本草纲目》曰："益气强志。"白果，就是银杏的果实，是补心的佳品，是心脏保健的绝佳食材。

食材：白果 7 粒（白果有毒，不可多吃，以炖汤功效最好），墨鱼干 1 只，筒骨 2 块，枸杞 20 粒，陈皮 1 块，姜 3 片。

做法：用冷水泡发墨鱼干和白果，洗净后，和以上食材全部放入砂锅中，加入冷水，炖一小时左右起锅调味即可。

万能的神秘黑豆，补肾最应尊重的恩物。

中医认为，黑豆为肾之谷，入肾功多。《本草汇言》说它"煮汁饮，能润肾燥"。就是说，如果想让黑豆发挥更大的作用，入肾最快，最好的方法就是煮成黑豆水饮用，或者将黑豆炒熟泡水喝。

黑豆直接加水煮，先大火煮开，再小火慢炖，如果喜欢甜味，就在快出锅时加一点冰糖。我喜欢加一点冰糖，甜甜软软的黑豆真好吃。

四黑米浆，可以作为一日三餐的粥，食材有黑芝麻 9 克，黑枣 8 克，黑豆 30 克，黑小米 30 克，蜂蜜或红糖适量。将所有食材放入豆浆机或破壁机中，加适量水，打成米浆，调入蜂蜜或红糖，即可。

乌豆排骨汤

在我的心里，黑豆有一股黑色的神秘力量，与其他豆豆比，黑豆被称为"豆中之王"。

乌豆与排骨煲汤，可以让食材的营养疗效最大限度地发挥出来，调味之后，就是一碗滋味鲜美又滋阴补肾的滋补汤。

【食材】

黑豆——————————50克

排骨——————————400克

【调料】

盐———————————4克

葱———————————1段

姜———————————1块

【做法】

1. 黑豆提前用清水泡6小时以上，排骨洗净斩块。

2. 排骨与凉水一起下锅，大火煮开，撇去浮沫。

3. 加入黑豆，葱、姜。

4. 转小火，煲两小时左右，加盐调味即可。

雉入大水为蜃

冬的故事要开始了，可以靠吃吃吃来"劲补"的节气终于来了。

自从立秋那天开始，就嚷嚷着要贴膘，其实立冬之后才是贴膘的最佳时机。

老北京人说：立冬补冬，不补嘴空。只有当天气真正冷下来时，羊才开始上膘，等羊上了膘，人才可以"贴"。

"北吃饺子南吃鸭"，北方人沉浸在吃饺子的欢乐之中时，南方的小伙伴们则开启鸡鸭鱼肉的进补之旅，许多家庭会做萝卜老鸭煲，它醇厚香浓的滋味，温暖身心，开胃健脾，是立冬日的滋补佳品。除此之外还会吃炖麻油鸡、四物鸡来补充能量。

台湾在立冬这一天，冬令进补餐厅高朋满座，街头的"羊肉炉""姜母鸭"等也火爆开场，

天冷了，吃火锅可以续命——没错，你和暖的距离，只差一顿火锅。

这几天，连着吃了三次火锅，两次是涮羊肉，一顿暖暖的火锅与严冬最温暖的相遇，从口里一路暖进心里。

最爱吃的是大骨头和菌菇熬制的汤锅，白色的菌菇高汤底，等开锅之后先盛一碗汤喝，一勺白汤灌下去，香菜和葱花的味儿就一起随着热气在口腔里弥漫开来，很过瘾。

开了一扇窗子，屋里还是热气蒸腾，浓郁汤汁包裹着鲜嫩的食材，暖意在口中蔓延。芝麻酱和香菜末的香气、骨头汤里蘑菇和大白菜的鲜味充满口腔，一瞬间，整个人都被温暖包围着，或许，这就是幸福吧。

| 养藏有道 |

古医书里的"冬藏"之道。

立冬，是个和收敛有关的词。中医有春生、夏长、秋收、冬藏之说。俗语说"冬不藏精，春必病温"，此时，人的养生也要着眼于"藏"，即天人合一。

元代丘处机撰写的《摄生消息论》中有："冬三月，天地闭藏，水冰地坼，无扰乎阳。早卧晚起，以待日光。去寒就温，勿泄皮肤。"冬天要做的事，就是"藏"。早睡早起，把裸露的身体裹暖和，见到太阳再出门是个不错的选择。

"宜服酒浸补药，或山药酒一二杯。以迎阳气。"宜服药酒，或山药酒一两杯，药酒是冬天的精髓，冬天不喝酒真是白瞎了这么冷冽的天。山药酒，配方来源《药酒汇编》：怀山药、山萸肉、五味子、灵芝各 15 克，白酒 1000 毫升。将前四味置容器中，加入白酒，密封，浸泡一个月后，过滤去渣，即成。

"饮食之味，宜减酸增苦，以养心气。冬月肾水味咸，恐水克火，心受病耳，故宜养心。"冬季滋补以养肾为先，饮食上要少食咸味，以防肾水过旺而影响心脏的功能。可以多食苦味食物以补益心脏。

"宜居处密室，温暖衣衾，调其饮食，适其寒温……不可早出，以犯霜威。"衣食适其寒温，不可冒触风寒。大冷天不要一早出门，以避霜寒的侵犯。

姜母鸭

在寒流来袭的日子里，三杯两盏淡酒，怎敌他晚来风急，不妨炖一锅姜母鸭暖暖身子。老姜的味道全部浸入鸭肉之中，帮助鸭肉的鲜美一丝丝释放，未揭盖已然闻到了飘出的甘甜酒香。

姜母鸭，是一道经典的台式滋补菜，有着悠久的历史，据《中国药谱》及《汉方药典》两书所载，姜母鸭原系一道宫廷御膳。随着时光流逝，姜母鸭逐渐发展成为一道美食中的药膳，常搭配一些中药材，如熟地、当归、枸杞子、川芎、党参、黄芪等，再加入老姜及米酒炖煮而成。此道药膳妙在气血双补的同时，搭配鸭肉的滋阴降火功效，滋而不腻，温而不燥。

【食材】

鸭子————————半只

红枣————————5个

枸杞————————10克

【药料包】

八角————————1个

桂皮————————1块

甘草————————3克

草果————————1个

香叶————————2片

良姜————————3克

党参————————1根

山药————————5克

陈皮————————2克

黄芪————————2克

五味子————————3克

【调料】

姜————————300克

米酒————————1碗

盐————————7克

糖————————8克

【做法】

1. 八角、桂皮、甘草、草果、香叶、良姜、党参、山药、陈皮、黄芪、五味子放入药料包中。

2. 红枣、枸杞用温水泡软。

3. 姜洗净，先切下两片再细切成丝，剩下的一半切成片。

4. 鸭洗净，切块，冷水下锅，焯水，捞出。

5. 锅中倒入油烧热，放入姜片炒出香味，加入鸭块一起煸炒至略干。加糖、盐，再加入米酒炒匀。

6. 再倒入适量清水，放入红枣、枸杞和药料包，大火煮开后转小火煮约1小时。

7. 出锅前倒入姜丝，略煮即可。

厨房小语　广东米酒一般的超市都有售，最好不要用料酒代替。

小雪，十月中。雨下而为寒气所薄，故凝而为雪。小者，未盛之辞。虹藏不见。……天气上升，地气下降。闭塞而成冬。

——《月令七十二候集解》

小雪

清人著作《真州竹枝词引》载："小雪后。人家腌菜，曰'寒菜'……蓄以御冬。"

早时，冬天物资匮乏，民间有着"冬腊风腌，蓄以御冬"的习俗。老家有句俗语："小雪腌菜，大雪腌肉。"这既是节令的习俗，也是岁月的回响。

母亲她老人家擅长制三样小菜：腌萝卜、酱黄瓜、酱花生米。这几样小菜，可以说是家传三代的秘制酱腌菜。"咱妈做的腌萝卜忒好吃了，还有吗？"朋友打电话问。不就一罐腌萝卜吗，都咱妈了，不至于吧！我都被她的话惊到了，终于知道，有一个会做一手好腌菜的妈妈是可以拿出去炫耀的。

曾经看过利利·弗兰克的《东京塔》，以淡雅而又真实感人的笔触，表达了对母亲的深切追忆，他写道："为了让我早上可以吃到好吃的腌酱菜，妈妈总是定好闹钟，半夜起床搅拌米糠。"

从淡淡的叙述当中可以感受到，妈妈的酱菜代表的是母亲的牵挂。这本书令很多人重新记起这种已经被人遗忘的食物，勾起许多昔日的回忆。

我一般是不买酱腌菜的，因为家中有一个做酱腌菜的方子，是母亲留给我的，也是外婆留给母亲的，可以说是沿用三代的方子。我常常腌上些酱腌菜放在冰箱里，也不用多做，吃完后可再做。

每天早上，喝碗粥，配上喜欢的小腌菜，只余一个"妙"，而且这"妙"还在亲情与思念之先。

| 十月火归脏 |

农历十月后"火归脏"，阳气收藏入里，人外燥内热是主旋律，但南北有些许不同。

南方暖寒交织，身体易外寒内热，内外都有些燥，宜于吃些宣利肺气、通润肠道的菜。

芥菜一直是"老广"心目中最喜爱的蔬菜之一，所以，广东人有一句粤语俗语：十月火归脏，唔离芥菜汤。

"老广"专治上火感冒的生滚汤，我最服这一款——芥菜煲番薯汤。

番薯也叫红薯、地瓜等。芥菜和番薯这个搭配貌似有点奇特，但在广州的老牌粤菜馆，随处可见这煲汤的身影。

鲜芥菜煮番薯，芥菜性平偏凉，气辛、宣利肺气；番薯味甘、润肠和中，有内外宣通之功，宣解由风寒外袭而致的感冒表证，清火又通气，还可通便秘"轻身"。

粉番薯 1 个，大芥菜 3 棵，2 片姜，猪脊骨 300 克，也可以搭瘦肉片、鱼头、咸蛋之类的食材，甚至可以什么都不搭，芥菜不要煮过久，煮得软熟又不太烂就刚刚好。

北方室内暖气热燥，易犯风温肺热，吃些清甜辛辣的萝卜，正好清肺热、顺气降浊。

《本草纲目》中记载萝卜能"大下气，消谷和中，利五脏"。可以说，萝卜是五脏的"和事佬"。

萝卜吃法：生吃萝卜通气，熟吃则下气。拣自己喜欢的方法吃吧，怎么吃都有益。

汽
锅
鸽
子
汤

汽锅，可谓是最复古的锅。

汽锅鸡可是大名鼎鼎，早在 2000 多年前就在滇南民间流行。汪曾祺在《昆明的吃食》中写云南的汽锅："昆明人碰在一起，想吃汽锅鸡，就说：'我们去培养一下正气。'……汽锅鸡的好处在哪里？曰：最存鸡之本味。"

汽锅鸽子汤，是按汽锅鸡做法来烹饪鸽子，鸽肉的鲜味在蒸的过程中流失较少，所以基本上保持了鸽肉的原汁原味。

汽锅鸽子汤中的鸽肉鲜嫩、菌菇醇厚，味道特别鲜香，营养丰富，喝上一口就会让你体会到非凡的鲜美。

【食材】

乳鸽————————————1只

干松茸————————————30克

【调料】

姜————————————1块

葱————————————1段

黄酒————————————30克

盐————————————2克

胡椒粉————————————适量

【做法】

1. 葱姜切片，黄酒备好。

2. 乳鸽洗净，切块。

3. 干松茸泡软。

4. 汽锅中先放入乳鸽、葱姜，再放入泡好的干松茸。

5. 倒入黄酒。

6. 汽锅放入砂锅上，垫上一圈布防止漏气，加足量水保持沸腾状态，蒸 3 小时。出锅后调入盐、胡椒粉即可。

厨房小语　1. 汽锅里不用加水，蒸汽可以通过汽锅中间的汽嘴将鸽子逐渐蒸熟，汤汁由蒸汽凝成。
　　　　　2. 蒸的过程时间较长，最好在下面的砂锅里一次放足水，中途要注意观察，锅不要烧干。

天气上升，地气下降

节气厨房

没有"老干妈"的年代，冬天要用西红柿酱续命。

在没有大棚蔬菜之前，每当天寒地冻，人们再也寻觅不到新鲜食物，一瓶西红柿酱便是漫长苍白日子里最为深刻的味道。

做西红柿酱，全家总动员的场面很是壮观，最让人难以忘怀。但随着时代的变化，如今西红柿酱已沉寂了。

夏天，西红柿大量上市时，也正是暑假期间，母亲就会组织全家人做西红柿酱。那时的西红柿酱做法很简单，就是原始保存法，也没有专用的玻璃瓶，用的是医院里的葡萄糖输液瓶，是母亲托熟人从医院里找来的。做西红柿酱前，先把瓶子洗净，然后放在大锅里煮沸消毒。西红柿切碎，瓶口放个干净的漏斗，把切碎的西红柿用勺子舀起来往里装，有时候会堵住漏斗，就找根筷子往下捅。瓶子装到九分满后，还要上锅蒸半小时。西红柿酱中没有任何添加物，就是西红柿的原汁原味。

全家忙得不亦乐乎，为的是能在数九寒天里，根本没有西红柿售卖时，能拿出一瓶西红柿酱做菜。彼时，在手里捧着的碗中能看到西红柿那娇艳小模样的人，简直就是王者。

| 上清四秘 |

上清四秘，是道家上清派推崇的四种养生食物，它们分别是：萝卜、白菜、豆腐、生姜。

不就是最普通的食物嘛，是不是觉得自己上当，被忽悠了？

"萝卜白菜保平安"，这句话听说过吧，它来自民间，尤其是北方。白菜能利肠通便，萝卜可顺气，常吃萝卜白菜，便可以清肠通浊气。所以大白菜加萝卜，相当于黄芩加半夏。

如今的人，思虑过多，上热下寒，多吃大白菜，可将相火从食道往下降，将气往下收敛，又可通肠道，相当于清热解毒。

大白菜，以叶为主加水煮，不加油盐，可放少许去皮生姜（生姜皮性寒，肉性热），白菜要煮得烂一点。每次一大碗，连吃三天，你会发现大便通畅了。

生姜最早见于《神农本草经》，它"久服通神明"。《论语》记载孔子说过："不撤姜食，不多食。"每次吃饭，他都要吃姜，但是每顿都不多吃。生姜的功效可使人的神气交通，可解鱼蟹毒，也可温脾阳，止呕逆。

豆腐，是替代肉类制品的绝佳选择，豆腐等豆制品含丰富蛋白质，且无胆固醇过多之忧。

豆制品中比较好消化的是豆皮、腐竹，尤其是头浆豆皮，它是头道豆浆面上的油皮挑起做的，就像米油一样，是黄豆最精华的东西。

道家修身养性，这些最朴素的东西，竟然是上清派修身的"上清四秘"，大道至简，方为长生久视之道。

柿饼苹果前菜

我始终认为，每种食材都应该在最适合的时间去到每个人的胃里。

小雪时节，正是柿饼上市之时。

柿饼苹果前菜，尽极简主义之能事，食材轻盈，每种味道绝不喧宾夺主，特立独行，且保留了每样食材的自然本味。

【食材】

瑞士大孔奶酪 …… 适量

混合干果 …… 20克

红皮萝卜 …… 1个

苹果 …… 1个

柿饼 …… 3个

【调料】

黑胡椒 …… 适量

盐 …… 1克

白兰地 …… 5克

橄榄油 …… 3克

苹果醋 …… 20克

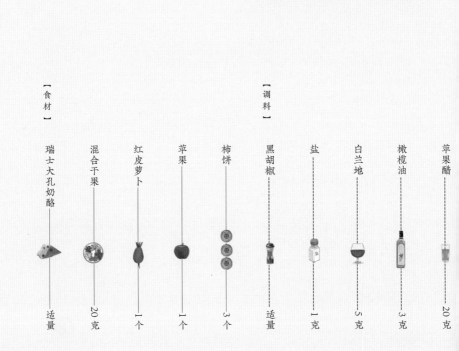

1. 柿饼切块，萝卜切片。

2. 苹果去皮，切片，泡入淡盐水中，防止氧化。

3. 苹果醋、橄榄油、白兰地、盐放入调料碗中，磨入黑胡椒，调均。

4. 柿饼、苹果、红萝卜、混合干果放入碗中。

5. 擦入瑞士大孔奶酪。倒入料汁，拌匀即可。

厨房小语　　没有瑞士大孔奶酪，可以不放。

糖葫芦、金糕、铁山楂。

冬天成就了糖葫芦的名声，让它裹一层不败的糖衣，在老北京的胡同里闪闪发亮。它已成为老北京的一种象征，一张城市的名片。

《燕京岁时记》中有记冰糖葫芦："甜脆而凉，冬夜食之，颇能去煤炭之气。"

金糕又名京糕、山楂糕，始于清代，当时清朝满族人把它叫作"金糕"，是十分金贵的意思。

铁山楂知道是什么吗？就是山楂卷。

这三种主食的主角都是山楂，又名山里红、红果、山楂胭脂果等。分南山楂和北山楂。

深秋萧条意，最爱山里红。

山里红消食，而且特别消肉食积食。小食方：炒红果，其实不是"炒"，而是加糖煮，没什么难度，"小白"也一次就可成功。

消积健胃。小儿伤食，化积导滞。小食方：山楂麦芽饮，把山楂、麦芽一起煎 15 分钟，加入适量红糖饮用。

活血化瘀。有血瘀型痛经的妹子，可借助山楂的化瘀之力。小食方：红糖煮山楂。

强心、降血脂、降血压。适合高血脂、高血压和冠心病患者的小食方：山楂加些红枣或少量红糖煎水喝。

补肝益肾。适合病后体虚乏力、食欲不振、消化不良、腰膝酸软的人的。小食方：山楂枸杞饮，二者加沸水冲泡当茶饮，在平时可以经常喝，有非常好的保健功效。

山楂虽好，但多吃耗气，小孩尤其不能多吃，空腹或身体羸弱、病后体虚者忌食。孕妇少吃或不吃，易促使宫缩，诱发流产。

| 三黑四冬 |

路过全世界，请不要错过这些。

小雪时节饮食还要注意滋补肝肾，清泻内火和保养肌肤。推荐补肾御寒吃"三黑"：黑豆、荸荠和黑米。

黑豆：黑豆色黑，善收藏，能入肾。黑豆性味甘寒，所以滋养的是肾阴，具有降浊之力，泻中带补意，补而不腻。但肾阳虚的人吃黑豆就不合适了。

荸荠：荸荠有抗菌清热、泻内火的功效，很适合初冬食用。

黑米：黑米具有滋阴补肾、健身暖胃、明目活血、清肝润肠等功效，可入药入膳。

冬季气候寒冷，人们多选择高热、高脂的食物进补，非常容易造成体内积热，千万别忘了搭配冬日"四冬"。

冬笋：冬笋具有滋阴凉血、和中润肠、清热除烦的功效，且膳食纤维含量高，可降低胃肠道对脂肪的吸收和积蓄。冬笋有"百搭配头"的盛名。但冬笋含有草酸，草酸容易与钙结合成草酸钙，故冬笋在炒食前应在开水中焯一下，去掉草酸。

冬菇：冬菇又名香菇，素有山珍之王之称，是高蛋白、低脂肪的食用菌，能提供人体所需的多种维生素，可促进体内钙元素的吸收，增强免疫力。

冬瓜：冬瓜利尿消肿、清热解毒。冬瓜水分多而热量低，可防止体内脂肪堆积。冬瓜宜与鸭肉、火腿、口蘑、海带等食物一起烹调，食疗效果好。

冬枣：冬枣含有人体所需的多种氨基酸、维生素，尤其是维生素 C 含量较高，有助于提高人体免疫力。此外，它还含有丰富的糖类以及环磷酸腺苷等，能有效保护肝脏，保护心血管。腹部胀气者、糖尿病患者不宜多食，胃炎、胃溃疡患者吃冬枣时应去皮。

咖啡排骨

咖啡排骨，暖暖的味道。

用咖啡做菜你听说过吗？吃腻了粉蒸排骨或者糖醋排骨，不妨试一下用咖啡粉做排骨吧。

咖啡排骨，是新加坡名厨在一场国际烹饪比赛中的一道深受好评的获奖菜肴。咖啡排骨其实做法很简单：排骨加咖啡煮熟，最后调一点淡奶增香。咖啡排骨从里到外透着一股大家闺秀的气质，出场后惊艳四座，让评委们都不禁食指大动。

【食材】

猪肋排	400 克
速溶咖啡粉	两包
三花淡奶	30 克

【调料】

盐	4 克
糖	8 克
水	适量
淀粉	适量

【做法】

1. 排骨洗净，斩块。先用盐、淀粉、咖啡粉 1 包拌匀，腌制 15 分钟左右。

2. 将另 1 包咖啡粉加冷水化开，放入锅中，倒入腌制过的排骨。

3. 大火煮沸后用文火盖焖，慢慢收汁，时间约 30 分钟。

4. 汁收得差不多时，调入盐、糖，勾薄芡，最后放三花淡奶，拌匀即可。

厨房小语

1. 选择肉小排来做这道菜。要用速溶咖啡粉，不然会有咖啡渣，具体口味可以按个人喜好选择。

2. 淡奶一定要等勾完芡最后倒入，不但能使排骨更加香浓馥郁，还能松化肉感。

大雪，十一月节。大者，盛也。至此而雪盛矣。

——《月令七十二候集解》

大雪

鹖旦不鸣

初候 12月7~11日

小雪腌菜，大雪腌肉。大雪节气一到，家家户户忙着腌制"咸货"。

小时候，很是抗拒腊味，总觉得有一种老房子里的陈年旧味，以及偶尔放纵的木质香。然而，等到一个合适的年龄，一定会懂得腊味的滋味。

母亲总是在每年的大雪节气做腊肉。母亲腌制腊肉的方法很简单：首先将新鲜的猪肉切成长条形的大块，然后用盐均匀地搓在猪肉表面，盐的用量也只是凭着感觉来放，并不是一味地重盐强腌，所以，母亲做的腊肉，总是那么恰到好处。

将肉涂上盐后，母亲就把肉装在一只大缸里，腌制二三天后，再将腌肉取出，挂在阳光下晾晒。那时小小的阳台晒着自家用鲜肉腌制的腊肉，北面亭子间窗下，挂着自家制的干菜。

暖暖的阳光里，栏杆上挂着晾着的腊肉，在阳光下散发着诱人的香味，有一种令人感动的旧时光、老光阴的烟火气。

母亲告诉我："吃腊肉，一定要懂得挑肥拣瘦，否则就会吃亏。"

那时，不太明白这其中的道理，因为无论肥瘦，都不欢喜腊肉的味道。

自从远离父母，远离故土，才知腊味有多香。

那时，每年母亲都会给我留一些腊肉，等我回家时吃，返程时再带一包走。若是有一年回不了家，母亲还会打包给我寄过来。

腊味小炒，用的是母亲做的腊肉，偏咸，而腌渍过程中的烟火气，却使滋味加浓。

| 避寒就煦 |

有一种冷叫忘穿秋裤，有一种暖叫来碗热汤。

大雪时节，已进入年终岁尾，主气太阳寒水，阴湿之气凝聚在天地之间，此时最损人的正气，感冒咳嗽等时气病会增多，而且好得慢。唯有避寒就煦，保暖护阳。

反季菜不利阳气收敛，易使心肾之气上浮外泄。应多吃应季的萝卜、白菜、土豆、红薯等根茎类蔬菜，吸收收藏之气。

大雪时节，天地之间的气仍然较虚，所以可食温补的大雪养藏汤，食材有：生栗子6个，生核桃6个，莲子6个，枸杞15克，葡萄干15克，陈皮5克。莲子提前浸泡，然后将所有原料一起下锅，加水煮开后，再煮40分钟即可。此汤是一家老少都适合饮用的固肾、补五脏的冬季滋养汤品。

气温一降，人体阳气受遏，富含蛋白质或脂肪，且热量较高的御寒食材自然备受青睐。但体质阴虚血燥之人，牛肉、羊肉、狗肉等不能多吃，否则极容易上火，就像一堆干草遇火就着，出现长痘、口舌生疮、咽喉疼痛、便秘等燥热阴伤、邪热伤络的症状。容易上火的人，可适当进食性平味甘、滋阴清热、固肾养肝的温热补阳之物，如酒酿鸭肉汤、乌鸡汤、墨鱼干汤、栗子核桃小米粥等，多加食生姜等温通之物。也可饮黄酒少许，活血化瘀。

此外，冬季烹肉，可适当加入沙参、玉竹、石斛、黄精、枸杞子、桑葚子等药材，既美味又滋补，补益虚损、滋养身体，助人安然过冬。

川味腊肠

过冬不吃点腊味，心会发慌。

没有冰箱的年代吃货吃肉是靠"腊"的，腊肠只是腊味的一种，还有腊肉、腊鸭、腊鱼、腊排骨，等等。

古人认为，制作腊味必须要赶在腊月开始之前，也就是冬月就开始动手准备，这样可以赶上腊月开始的时候熏制，不会错过"腊气"。

每个冬天，大概所有的猪都有一个被做成腊肉的梦吧。

【食材】

肥瘦猪肉（肥瘦比例为3：7）——2500 克

猪肠衣————————————5 米

【调料】

盐————————————75 克

醪糟汁———————————100 克

白酒————————————25 克

辣椒————————————20 克

花椒————————————15 克

麻椒————————————10 克

白糖————————————10 克

生抽————————————25 克

【做法】

1. 肠衣用清水浸泡15 分钟，然后撒上盐反复搓揉3~4 次，再用清水洗去表面的盐，最后换成清水加几滴白酒浸泡，可以去腥。

2. 辣椒放入锅中炒香，打成粉；花椒、麻椒放入锅中炒香，打成粉。

3. 猪肉削去筋膜，瘦肉切成 4.5 厘米长、2 厘米宽、0.5 厘米厚的肉片，肥肉切成 1 厘米见方的小丁。

4. 肉丁中加入盐 75 克，醪糟汁 100 克，白酒 25 克，辣椒粉 20 克，花椒粉 15 克，麻椒粉 1 0 克，白糖 15 克，生抽 25 克。

5. 戴上一次性手套将馅料搅拌均匀，然后沿着同一个方向搅打，直到肉变得有黏度。

6. 用灌肠机将腌渍肉片从筒口灌入肠衣内，直至饱满。

7. 用针在灌胀的肠衣上扎若干小孔以便排气。

8. 每隔 10 厘米处打一次结。

9. 将做好的香肠挂在阴凉通风处，避免阳光直射，否则容易变质。

厨房小语　　1. 一米肠衣大约能灌一斤肉，可根据肉的多少购买肠衣。

2. 肥肉一定要切小丁。

3. 辣椒、花椒先用小火焙香。自己做的比买的辣椒粉、花椒粉味道更好。

小腹三层，非一日之馋也。

"冬天进补，开春打虎"，此时宜温补助阳、补肾壮骨、养阴益精。

而对母亲来说，所谓的补，无非就是一碗肉。

"吃块吧？"

"我减肥，不吃啦！"

"来块吧？"

"不吃啦，都说了减肥啦！"

说不吃的语气一声比一声没底气，终没抵挡得住母亲放到面前的那碗樱桃肉。小小的蒸碗里，盛着巴掌大的一方。

樱桃肉，用五花肉做的，有人说五花肉是中国美食中最香艳之物，有着危险的美丽，它那"用心险恶"之美，几乎令人步步惊心。

你的窈窕身材，会让这风月无边的五花肉给毁了。无论是谁，在这霸道的肉香中，都无法再做"贞节烈女"，都会被那令人目眩神迷的味道，折磨得欲罢不能。

我为此也幡然醒悟：小腹三层，非一日之馋也。

樱桃肉是苏州传统名菜，是红烧肉的一种。在江南生活的那20年间，母亲深喜这道菜，每次做樱桃肉时，还会加一点红曲米粉，母亲说这才是正宗的做法，是与红烧肉的一种区别做法，可以让樱桃肉有锦上添花、人前显贵之妙。其实，我很喜欢母亲的那碗樱桃肉，它不仅是一碗樱桃肉，还是我那时所有记忆，甚至盛载了我当时的心情。虽然多数时候我们的日子过得只剩"断壁残垣"，但是不妨碍有一碗诱人的樱桃肉。

| 顺时食粥 |

好吃的食物终成眷属。

古代医家对各种粮食的功效了解得极为细致，能把这些寻常食材通过恰当的搭配吃出大补效果的，这就是粥。

北宋张耒在《粥记》里说："晨起，食粥可以延年，余窃爱之。"明代李时珍很欣赏他的高见，把他这句话写进了《本草纲目》。

大米，补的是脾胃之气。小米，补的是元气。糯米，补的肾气。黍米，补的是肺气。麦仁，补的是心气。

特别是小米，古代称为"谷神"。

自古以来，国家被尊为"江山社稷"，"社"是什么，"稷"又是什么？社是土地神，稷是五谷神，以稷为百谷之长，因此被帝王奉为谷神，这个稷，其实就是小米。这也是在中国从南到北，女人生完孩子都要喝小米粥养身体，小婴儿辅食首选小米汤的原因。

冬季补肾养藏的三个阶段，如何顺时食粥？

1. 初冬：立冬到大雪

初冬的气温还是很低，此时宜平补，除了开始吃羊肉补肾阳以外，还可以用芡实、山药、栗子等，搭配着煮碗粥。淮山白果枸杞粥，可以健脾固肾，让脾胃强大起来自愈诸虚百损。

2. 仲冬：大雪到小寒

仲冬既要补得进来，又要藏得住，要吃核桃仁、枸杞子、黑豆、黑芝麻、葡萄干，这些种子专补命门，能让肾气归元。可以用栗子、核桃、枸杞、陈皮煮粥来喝。如果你觉得这个粥涩味重，说明你有些阴虚胃燥，可以加入蜂蜜和甜百合来调和。

3. 深冬：小寒到立春

深冬除补肾之外，还要补心。要吃糯米、豇豆、猪腰固肾气，壮腰膝，适宜饮酒，防止寒湿滞留体内。适宜的粥方有芡实麦仁大枣粥、墨鱼干粥。

在冬季喝的陈皮粥，可以比作"陈皮人参汤"。但如果只煮陈皮水，就没有这"人参汤"的功效了。也可加核桃仁，煮成陈皮桃仁粥，还有麦枣安心粥、补气黄芪粥、生姜大枣粥、莲子糯米粥、茯苓粥，都有进补的作用。

凉拌茴香球

小小一颗茴香球，看上去像放大版的芹菜根，不见几片叶子，散发着淡淡的茴香味。茴香球质地脆嫩，可以煮汤，可以泡茶，还可以做香料。茴香球独有的甜味和香味有健胃促食欲作用，较高的钾含量也极有益与心血管健康，是一种很好的减肥蔬菜。

【食材】

茴香球————————2 个

红萝卜————————1 个

香椿苗————————30 克

【调料】

橄榄油————————3 克

苹果醋————————15 克

盐————————2 克

柠檬————————半个

蜂蜜————————适量

【做法】

1. 茴香球切掉头尾，洗净。

2. 将茴香球、萝卜切丝，和香椿苗一起放入碗中。

3. 橄榄油、苹果醋、盐、半个柠檬的汁、蜂蜜，放入调料碗中。

4. 将料汁倒入碗中，拌匀即可。

荔挺出

末候 12月17~21日

一场薄雪，不成敬意。

冬雪盛降的时节，日照渐微，万物蛰伏。未见落雪的南方城市，也已迎来凛冽的朔风，将仅存的一点余温一扫而尽。

中医认为寒为阴邪，最寒冷的节气，也是阴邪最盛的时期。家里有糯米酒的，无论是客家娘酒、酒酿，趁着天冷，都可以拎出来吃吃啦。

糯米消寒，能固肾气，但性黏腻，稍微吃多一点就不消化，很容易吃出便秘或痰湿，那么可以吃酒酿，既御寒，还能补血活血祛瘀。酒酿有"百药之长"的美称，是医药上很重要的辅佐料或"药引子"。

酒酿旧时称醴，"上古圣人作汤液醪醴"，如今不同地域仍有着不同叫法，醪糟、酒糟、甜米酒、伏汁酒，做法大抵相差无几，皆以糯米为底。

雪已停，天已晴，学着母亲曾经的做法，动手做一回酒酿。母亲制作酒酿时，一般用的是圆润饱满的白糯米，我喜欢用云南墨江的紫糯米来做。

做酒酿，说它繁复，也只需三日；说它简单，每一个步骤又都极其细致。紫糯米必须浸泡24小时，这样做是为了下一步能把米蒸透，注意是蒸不能是煮，蒸好后糯米要粒粒分明。

酒酿的口感好不好，取决于水的多少。水不能多加，如果米粒吸饱水，口感就会软烂。蒸好晾到微热的时候，加温水搅拌，加到米饭松松的，但是又看不到水的影子。放在30℃左右的环境中发酵两三天，夏天直接发酵，冬季可以放在酒酿机里或者暖气附近。

酒酿可做补气驱寒的鸡蛋酒，也可做驱寒固肾的糯米酒酿鸡，还有，炖鸡、炖肉、炖鸭都可以加一勺进去，可以把香气拔高八度。

不适合吃的人：舌红少苔，平时怕热、多汗、脸上长火痘，手足心热的人，以及感冒、发热、咽喉疼痛者，还有孕妇，都不宜吃酒酿。

除了吃饱，还得关心吃得好不好。

俗话说：三九补一冬，来年无病痛。有人把"补"当作养，于是食必进补。但是"养勿过偏"，不要以为冬季阳气潜藏，就一味地补阳，而应在补阳的同时养护阴精。在这里撇开大鱼大肉，单就大雪节气介绍几个清淡而又滋补的食方：

1. 五行益寿养心粥

心主血脉，心气旺盛、心血充盈则面色红润而有光泽。此粥能强壮心脏、滋养心血，还能延缓衰老。

去核红枣 20 枚，去心莲子 20 粒，葡萄干 30 粒，干黄豆 30 粒，黑米的量以人数为宜。将以上五种食材浸泡一宿，共同煮烂后即可食用，或放入破壁机中打成糊也可。

2. 一味薯蓣饮

薯蓣就是山药。山药脾肾双补，在上能清，在下能固，能滋阴又能利湿，能滑润又能收涩，既补肺补肾，又兼补脾胃。进补如一柄双刃剑，进补时往往会带来湿腻的弊端。但山药性平和，是不会让大家产生后顾之忧的。

一味薯蓣饮做法：生山药适量切片，煮汁两大碗，以之当茶，不拘时，徐徐温饮之。或用破壁机将山药加水打成浆，也非常好喝。

3. 养肾核桃奶

一直以来核桃都是人们认为可以补脑的食物，这个观念要变通一下了。《冯氏锦囊秘录》记载胡桃肉："禀火土之气以生，味甘、气热、无毒。以性润而多热，故为益而补命门之药""空腹时连皮食七枚，大能固精壮阳"。事实上，核桃除了能补肾、强健筋骨，更偏向于滋补人体的"髓"。温肺暖肾的核桃奶，能补命门之火啊！

食材：核桃仁 50 克，杏仁 15 克，牛奶 250 克，冰糖 10 克。用料理机搅拌成细腻的浆，再倒入锅中熬煮 10 分钟左右；或者把所有材料放入豆浆机，打成豆浆或米糊。

糯米酒酿鸡

这碗糯米酒酿鸡下肚，感叹鸡在大雪时节死得值。

糯米酒酿鸡可以驱寒固肾，还能补血活血祛瘀，所以非常值得一学。

先将鸡蒸熟后斩块，放入垫有糯米酒酿的砂锅中，再倒入足量米酒，短时间煲制，无须加水，酒香味更加浓郁，喝一碗，从头暖到脚。

【食材】

小母鸡—————————1 只

酒酿—————————300 克

红枣—————————4 个

枸杞—————————2 克

【调料】

盐—————————适量

米酒—————————适量

【做法】

1. 小母鸡用清水浸泡 30 分钟，捞出控水，直接入蒸锅大火蒸 30 分钟。

2. 砂锅中放入酒酿垫底。

3. 取出鸡后斩块，然后将鸡块均匀地码放在酒酿上，撒上枸杞和红枣。

4. 倒入米酒，没过表面，用盐调味。

5. 大火烧开后，改小火煲 10 分钟，上桌即可。

冬至，十一月中。终藏之气至此而极也。蚯蚓结。
六阴寒极之时，蚯蚓交相结而如绳也。麋角解。
说见鹿角解下。水泉动。水者，天一之阳所生，阳
生而动，今一阳初生故云耳。

——《月令七十二候集解》

冬至

蚯蚓结

又是一个饺子节。你们北方人怎么又吃饺子啦?

在北方,冬至就是"饺子族"的节日,对北方的广大人民来说,饺子是一种神奇的食物,任何节日都可以吃,简直是节日的标配食物,从年夜饭吃到入伏,从夏至吃到冬至,好像只有饺子,才能慰藉北方人无处安放的灵魂。

端午和中秋,若不是粽子和月饼这两样伟大的吃食抢占了先机,真没准,北方人全年所有节日都要吃饺子。通过饺子甚至可以来识别节气:吃到香椿馅,春天来了;吃个黄瓜馅,别问,肯定是八月;秋天来了,一问吃啥馅儿啊,那准是茴香的;至于冬天,顿顿都是猪肉白菜馅。

北方人吃饺子,最常见的馅,除了大白菜,就是韭菜和茴香。茴香,可以说是占了北方饺子界的半壁江山。

在北京,在天津,在山东,乃至在整个华北平原上,都有茴香绿意盎然的身影,它的香是妖娆的,漫溢得跟水似的。你毫无戒备地一鼻子撞进去,马上会被这香气缠绕,得拼命挣扎才能钻出来。它也是我最爱的饺子馅。

离家多年,起身的饺子,落身的面,这风俗令我幸福和忧伤。

每当回家时,母亲都会为我准备一碗飘着清香、溢着家的气息的面。当她把面端到我的面前,顿时,长途旅行的劳累一扫而光。此时,我总会发自心底地道一句:还是家好。

当我再次离开家时,母亲总忘不了给我包起身的饺子。这碗饺子,也愈发变得让人忧伤,知道离开家的时刻到了。

| 活子时 |

所谓子时,是指晚上 11 点到次日凌晨 1 点,子时一阳生发,也是新的一天的开始。

冬至,是一年当中的"活子时",既是阳气收藏到极限,又是新生的一刹那。阳气重新生起来,这阳气是第二年万物生发的原动力，所以称为"命门元气"。

一年走到冬至这个时节，是特别需要养一养身体的，因为"气始于冬至"。进补的时候是真的到了，因为这时消化力特别强，补品吃进去，营养容易吸收。

黑豆炖海参，可补肾家虚损，力可回天，是《圆运动的古中医学》中一个食疗方。

民国时期著名医家彭子益在《圆运动的古中医学》中说："凡补品，多数皆有偏处，或生胀满，或生燥热，种种不适，功不抵过……惟此方，服之愈久，神愈清，气愈爽，服之终身，不仅能却病延年而已。"

这个食方也简单，"此方一为血肉之品，一为谷物之精。海参大补肾中阳气，黑豆大补肾水。水火均足，水静风平，疏泄遂止。凡肾家亏损及年老肾虚，真有不可思义之妙"。

以上我引用的都是原文，说得很清楚了，这些食材食性平和，吃起来无须辨阴阳，反正是统统都补了。

食材：海参2个，黑豆30克，不带油的火腿1片，姜1片。

海参提前用温水泡2天，发透需中间换水2次。清理海参肚中泥沙，继续泡。最后取出泡发好的海参放入锅中，加水、火腿、秘制黑豆或泡好的黑豆，大火烧开后用小火慢炖1~2小时，出锅加盐调味即可。

海参的精华全在汤中了，吃豆吃海参喝汤。海参每天吃一条即可。冬至后，小寒、大寒这段时间吃更好。

金汤海参

金汤海参的"金汤"以南瓜蓉熬成，卤汁黄亮，果味甘甜。香浓的汤汁在口中充盈弥漫，味道清香淡雅，再将海参送入口中，享受海参肉的柔软绵密，嫩糯而不腻。

海参自古被认为是滋补的圣物，被誉为海底的人参，有益精血、补肾气、润肠燥的功能。而南瓜，清代名医陈修园曾称赞其为"补血之妙品"。

金汤海参这道菜营养丰富、易于消化，非常适合老年人与儿童，以及体虚身弱者滋补养身。

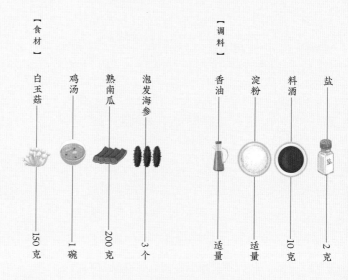

【食材】

白玉菇 —— 150克

鸡汤 —— 1碗

熟南瓜 —— 200克

泡发海参 —— 3个

【调料】

香油 —— 适量

淀粉 —— 适量

料酒 —— 10克

盐 —— 2克

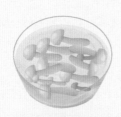

1. 白玉菇去根，用淡盐水浸泡10分钟，捞出沥干。

2. 熟南瓜放入料理机中打至顺滑。

3. 锅中加鸡汤和清水，放入海参、白玉菇、料酒，煮5分钟。

4. 加入南瓜泥，不断搅拌，煮开。

5. 煮开后加一点盐调味。最后开大火，用水淀粉勾薄芡，淋点香油就可以出锅了。

厨房小语　　1. 海参也可以切片。海参本身没有味道，需用鸡汤入鲜味。

2. 若是不追求口感，南瓜可以不用放入料理机中打至顺滑。

麋角解

次候 12月27-31日

小的时候，母亲每到冬天都会做一些冻豆腐，用来炖白菜、炖鱼、炖排骨、炖鸭子，那滋味莫名其妙的好，不容你多想，香味就扑面而来。

那时，家里没有冰箱，得等到数九寒天，气温低到零摄氏度以下，才能吃到母亲做的冻豆腐菜。不像现在，把豆腐放到冰箱里就万事大吉，随取随吃。

母亲做冻豆腐时，把豆腐切成大小均匀的小块，先浇一遍开水，然后拿出去放到屋檐下面顷刻上冻，水越热，冻得越结实。

当时，我感到很奇怪，问母亲，为什么要浇热水？

母亲给了我一本书，是晚清夏曾传的《随园食单补证》，里面写道："豆腐一冻，便另有一种风味。如秀才一中，便另有一种面目也。又如世家子弟，刚落魄时，自有一种贫贱骄人之态。凡作冻腐，须滚水浇过，挂檐际，顷刻即冻，水愈热，冻愈坚。可知极热闹场中，便是饥寒之本也。"

可知极热闹场中，便是饥寒之本也。这话说得极好。夏曾传从一块小小的冻豆腐里，把人生的波折起伏、无法料想都演绎到了极致。

翻看曹雪芹的《红楼梦》，第六十三回《寿怡红群芳开夜宴》，麝月抽的那支花签，签上画了一枝荼蘼花，题着"韶华胜极"四字。韶华胜极，正是那"可知极热闹场中，便是饥寒之本也"。那烈火烹油、鲜花着锦的日子，繁华似梦，尽美方谢，大观园的女儿们千红一哭，万艳同悲。

我合上手中的《红楼梦》，放在桌上。

面对繁华似锦的世间，再如锦的日子，风吹浮世，到最后，多少事情一定以平淡为好。

| 冬至汤 |

不论在哪里，"吃"都是冬至必不可少的事。

《舌尖上的中国3》节目中安利的当归生姜羊肉汤，你吃过吗？

天寒阴郁，这段时间，宜养正气，首选冬至第一汤方：当归生姜羊肉汤。

当归生姜羊肉汤是《金匮要略》中著名的温补名方，也是古代宫廷里的冬日滋补药膳。

药方里竟然有羊肉？没错，智慧的中国人知道什么时候吃才能补到点子上，这个汤方要等冬至时用，天越冷越需要吃。

《圆运动的古中医学》说此方："当归温补肝血，羊肉温补肝阳，滋补木中生气，以助升达。加生姜以行其寒滞，故诸病皆愈也。"

当归生姜羊肉汤，温补肝血肝阳，培植生命力，为一年的阴阳交接助力。

蠢蠢欲动了是不是？羊肉正气汤，好吃有秘方，快来看看吧。

食材：羊肉500克，当归20克，生姜25克，蒜苗、香菜适量。做法：将羊肉洗净，切成小块，放锅中，加冷水大火煮开，撇去浮沫。生姜洗净，不去皮，用刀背拍松放入锅中。当归洗净放入锅中，用微火煨两小时左右即可。当归与生姜扔掉，撒入盐、蒜苗、香菜调味，吃肉喝汤。

有必要提醒一下吃羊肉的禁忌。热性体质者不喝。有皮肤病、过敏性哮喘以及某些肿瘤的人，不宜吃羊肉，因为羊肉属于腥膻发物，有可能使旧病复发或新病加重。

马蹄羊肉汤

喝它,可能是此刻最快的取暖方式。一碗羊肉汤,能顶十条秋裤!

民间常说冬至宜炖汤。羊肉比较温补,在冬天是很好的补品,但是比较温燥。所以这个汤搭配了性凉清润的马蹄,来中和羊肉的燥性,加上冬菇,不仅清香甘甜还不温不燥,一家老小都适合喝。

【食材】

羊肉————————————400克

马蹄—————————————6个

冬菇—————————————8朵

【调料】

生姜—————————————4片

葱——————————————1段

姜——————————————1段

黄酒————————————20克

盐——————————————适量

【做法】

1. 马蹄去皮。

2. 羊肉洗净切块,马蹄切块,冬菇洗净稍浸泡。

3. 砂锅中加水放入羊肉煮开,撇去浮沫。

4. 放入冬菇、黄酒。

5. 加入葱、姜,大火烧开。

6. 转小火煲2小时左右,调味后关火。

冬至大如年。

冬至，是二十四节气中最早制定出的一个，由周到秦，以冬至日当作岁首一直不变。直到汉武帝采用夏历后，才把正月和冬至分开。由此，冬至由"年"变为了"节"，却依然不曾影响它的地位。到唐宋时，以冬至和岁首并重。

古时候，漂泊在外的人到了冬至，无论走得多远，都要回家过冬节，祭祖宗。

宋代官方规定冬至、初一和清明休假七天。事实上，冬至长假的历史可以溯源到汉代。《后汉书》记载："冬至前后，君子安身静体，百官绝事。不听政，择吉辰而后省事。"为君者须顺应天道，与民休息。

冬至前后也是一年中最冷的时节，旧时人们有从冬至日开始数九九八十一天以历严寒的传统。

大约从明代开始，民间发明了《九九消寒图》，"画素梅一枝，为瓣八十有一，日染一瓣，瓣尽而九九出，则春深矣，曰九九消寒图"。以每日填画的方式，记日、消寒，也是有趣的娱乐活动。

旧俗，入冬后，由文人雅士溯及古人宴饮作乐的一种集会，谓之消寒会，此俗唐代即有，也叫暖冬会。

《红楼梦》第九十二回就有描写："宝玉道：'必是老太太忘了。明儿不是十一月初一么，年年老太太那里必是个老规矩，要办消寒会，齐打伙儿坐下喝酒说笑……'袭人正要骂他，只见老太太那里打发人来说道：'老太太说了，叫二爷明儿不用上学去呢。明儿请了姨太太来给他解闷，只怕姑娘们都来，家里的史姑娘、邢姑娘、李姑娘们都请了，明儿来赴什么消寒会呢。'"

诗词唱和，有品有趣，谁还能感到三九寒意呢，消寒之说，与此契合。

水泉动

末候 1月2~4日

赤豆在古人心中是辟疫辟邪的东西。韩国电影《阿娘使道传》里，用红豆避邪，女鬼不怕阳光，反而怕红豆。

朝鲜的民俗文献《东国岁时记》中也有关于冬至的记载："冬至日称亚岁。煮赤豆粥，用糯米粉作鸟卵状，投其中，和蜜，以时食供祀，洒豆汁于门板以除不祥。"

没想到赤豆有这么神奇的功效呢！意不意外？所以，冬至这一天呢，如果吃了赤豆煮的粥，一家人团聚着来吃，能够避免这一年的瘟疫。《岁时杂记》中写："冬至日，以赤小豆煮粥，合门食之，可免疫气。"

赤豆是生活中常见的食材，我们经常在很多食品中见到它的身影，比如在吃八宝粥的时候。

严格说起来，赤豆有两种，一种叫赤小豆，一种叫红豆，前者药效较强，多用于入药，李时珍在《本草纲目》中说："赤小豆小而色赤，心之谷也。"可是现在不太常见，市面上常见的基本都是红豆，二者统称赤豆。

说到红豆，便不能不想起粤系甜汤：陈皮红豆沙。吃陈皮红豆沙有两个时节最合适，一个是炎夏，一个是寒冬。

寒冬来一碗红豆陈皮莲子粥，红豆健脾祛湿，养心血；莲子固肾，也养心；再加上陈皮燥湿醒脾，暖暖吃一碗，天寒克火、宜养心血。

红豆 200 克提前泡两个小时备用。陈皮 1 块，泡软切丝；莲子 30 克，冰糖 1 块（2~3 人份）。锅中加水，放入所有食材，大火烧开，转小火煮差不多两小时，红豆起沙了，加一点冰糖进去，不要加多了，太甜会伤脾。最后关火焖一会儿让它绵软即可食用。

罗马花椰菜炒培根

这个时节，有一种菜像宝塔，长相很特别，花球表面由许多螺旋形小花组成，看上去有点像西蓝花，小花又以花球中心为对称轴成对排列的蔬菜，它的名字叫罗马花椰菜。

罗马花椰菜，俗称青宝塔，和普通花椰菜一样，可以配香肠炒，配西红柿炒，配鸡肉炒，配培根炒，还可以焯水后凉拌或者做沙拉，口味和口感与普通的花椰菜一样。

【食材】

罗马花椰菜————————1个（约400克）

培根————————————150 克

【调料】

葱————————————————1 段

蒜————————————————3 瓣

干辣椒————————————2 个

白糖————————————————5 克

生抽————————————————15 克

盐————————————————————2 克

【做法】

1. 花椰菜掰成小块。

2. 花椰菜清水冲洗干净。

3. 葱、蒜、辣椒切碎，培根切片。

4. 锅中加水，水开后放入一小勺盐，几滴油，倒入花椰菜焯水一分钟后捞出，沥干水备用。

5. 锅中放油，烧热后，放入葱、蒜末、干红辣椒煸出香味，倒入培根翻炒。翻炒到适量放糖，因为培根是腌制肉，咸味重，放点糖中和一下。

6. 倒入花椰菜，翻炒均匀。

7. 调入生抽、盐炒匀，出锅即可。

厨房小语　　1. 花椰菜焯水不用时间很长，否则会失去清脆口感。

2. 因为培根、生抽都有咸味，所以未加盐，重口味者可以根据自己口味放。

小寒，十二月节。月初寒尚小，故云，月半则大矣。
——《月令七十二候集解》

小寒

冬日里的厨房分外叫人依恋，一只新的砂锅还没有用过，灯光照着，泛着玉也似的象牙白色，我不由得用一根手指轻轻摸了一摸，冰凉之中有一种温润的触感。

寒夜拥炉煨芋，无论贫富，都是一件赏心乐事。炉灶上，温暖的蓝色火苗在跳跃，沸腾的砂锅里白气袅袅，温情脉脉地散发着刚刚煮熟时的芋头的清香。

文震亨《长物志》里言道："所谓'煨得芋头熟，天子不如吾'，直以为南面之乐，其言诚过，然寒夜拥炉，此实真味。"

雪在屋外，静默地融入黑夜，不煨芋、烤薯，不往火里扔点什么吃食，来消磨一整个寒夜的话，简直说不过去。

南宋林洪所撰《山家清供》里说，烤芋头最好挑大个的，用湿纸裹了，在外面涂上煮酒和糟，用糠皮火慢慢煨熟，去了皮趁热吃。书中还记载了另一种名为"酥黄独"的芋头吃法："熟芋截片，研榧子、杏仁和酱拖面煎之，且白侈为甚妙。诗云：'雪翻夜钵裁成玉，春化寒酥剪作金'。"

手捧烫手的芋头，吃在嘴里，暖在心头，不禁有一种饱足的幸福感，尤其是在大雪天，还是一件"煮芋成新赏"的清雅事，简直甩炸鸡配啤酒 100 条街！想想极美啦！

最喜欢母亲做的桂花芋头，芋头蒸熟后剥去皮，放在锅里慢慢熬制，煮的时候要加上特制的糖桂花，放一点点碱，这样芋头才会煮成红彤彤，呈酱红色，鲜亮诱人，散发着一缕浓郁桂花香的软香，那是食物纹理尽头的一种温柔。一口下去，润滑爽口、香甜酥软。

| 小寒饭 |

这是一封糯米写给你的情书。

小寒是一个有着阴郁表象，也有着强大肾气储备的时节。

自小寒开始，自然界的"正能量"正式开始逆袭了。小寒正处"三九"前后，所以是一年中最冷的时节，却因为阳气初生，一改冬至前的死寂沉沉。

小寒初候：雁北乡。大雁是顺阴阳而迁移的，此时阳气已动，所以大雁动身向北。

小寒食补以御寒为主，并防止寒湿留滞体内。老一辈人都知道，在小寒节气一定要吃糯米饭。用糯米搭配青菜与咸肉片、香肠片或是板鸭丁，再剁上一些生姜粒一起煮，十分香鲜可口。饭原是能量的最佳来源，添加各式蔬菜和肉类，营养丰富，滋味也更充足。

每年小寒节气要吃的糯米红豆饭，来源于古人常吃的"豆粥""豆饭"，是朴素家常的饭食。糯米味甘、性温，固肾气，补脾肺虚寒，能够补养人体正气；而红豆祛湿气、养心脾、强健筋骨。糯米虽补却有些黏腻，容易补过了，而红豆却不是纯补，还有"泄"的作用，能排湿气。

今年的小寒饭，我用云南墨江紫糯米做的，补益作用更好。

食材：红豆、紫糯米、白糯米、盐、熟芝麻。

做法：红豆加清水入锅，煮开后10分钟关火。炒锅放油，烧热后放少许盐，放生糯米用小火不停翻炒，炒到糯米微微发黄，把红豆连汤一起倒入，小火焖熟后起锅。芝麻撒在焖好的糯米红豆饭上即可。

为什么要炒糯米？因为糯米补肾却比较黏，难消化，炒到焦香之后再焖熟，糯米吃起来感觉就不那么黏了，这样的糯米饭，脾胃弱的人吃了也比较容易消化，还有健胃的功效。

红豆糯米饭

糯米、红豆上面已经有介绍，不多说了，直接上饭。

这是普通版的红豆糯米饭，可添加紫糯米，营养更丰富。

【食材】

糯米————————————300 克

红豆————————————300 克

熟黑芝麻—————————适量

猪油——————————————适量

【做法】

1. 红豆放入锅中，加水煮 10 分钟。

2. 炒锅放猪油，烧热后放少许盐，放生糯米用小火不停翻炒。炒到糯米微微发黄，放入电饭煲中。

3. 倒入提前煮的红豆，连红豆水一起倒入。

4. 再焖煮至饭熟。出锅后撒熟黑芝麻。

厨房小语　　1. 若猪油没有，可以用其他油代替。

2. 如果红豆水不够可加热水，水的量也根据个人喜好增减。

鹊始巢

今日腊八，煮一碗有"佛性"的腊八粥。

长辈说，腊八是一个自带福气的节日，这天的能量场就是特别适合喝一碗有"佛性"的腊八粥。

传说，佛教的创始人释迦牟尼在菩提树下苦思，终在腊月初八这天得道成佛。这天是佛教盛大的节日之一，因此寺院每逢这一天都会煮粥供佛，并将腊八粥分发给穷人，据传吃了以后可以得到佛祖的保佑，所以穷人也把它叫作"佛粥"，并相沿成俗。

《遵生八笺》中有记载："腊月八日，东京做浴佛会，以诸果品煮粥，谓之腊八粥，吃以增福。"

《黄帝内经》云："食岁谷以全真气。"腊月为终月，一切生物皆收藏完毕，其真气就蕴藏于谷物种子之中。

这种种子大杂烩就是腊八粥，好就好在，它太合时宜了。植物的种子是一个个处在休眠期的有生命的活体，人们吃下数以万计、各种各样的植物种子，让生命借助种子的力量勃发。

煮腊八粥必知的小常识：腊八粥有两样不可缺的食材是糯米和红豆，传统的腊八粥配方里必有这两样。

喝腊八粥可以补气养血。腊八时天寒地冻，糯米补虚固肾，红豆补心养血还祛湿，再搭配紫糯米、小米、栗子、花生、莲子、薏米、绿豆、大枣、桂圆肉、葡萄干。这个粥配方很平和，薏米能祛湿，以防大枣、桂圆肉太补而生湿热，刚好贴合时气需求。

另一样与腊八紧密相关的食物，顾名思义，就是在阴历腊月初八这天泡的蒜。泡腊八蒜是北方，尤其是华北地区的一个习俗。做法是将剥了皮的蒜瓣放到一个可以密封的罐子或瓶子中，然后倒入醋，封上口放到一个冷的地方。慢慢地，醋中的蒜会变得碧绿，如同翡翠碧玉。

|食岁谷粥|

《黄帝内经》中有"食岁谷以全其真"，"食岁谷"也就是说按時令吃食物。

小寒，一年中最冷的日子就开始了，寒冷刺激导致人体热量耗散，阳气损耗。五谷是这个时节食补的基础，可以给人提供充足的热量和营养，尤以黑色、红色谷物为佳，如黑豆、黑米、红豆。

红色抗寒暖身粥。红豆、红枣、枸杞，和炒过的糯米搭配，就是一款不错的暖身粥，三味食材都有补益气血的作用。这款粥偏温补，有实热和上火症状的人要少喝。

黄色养胃健脾粥。冬季室外寒冷干燥，室内燥热，很多人会出现胃痛、四肢发冷等脾胃虚寒的症状，不妨来碗黄色的小米南瓜粥，养胃健脾，尤其适合老人和孩子食用。

白色润肺止咳粥。室内外温差大，冷热交替，加上气候干燥，可能诱发咳嗽、感冒，容易导致燥邪伤肺。这时可以喝些具有润肺止咳功效的"白色粥"，如银耳百合莲子粥。银耳、百合润肺、润燥、止咳，可以改善肺燥咳嗽、虚烦不安等症状。

黑色补肾益气粥。冬天的寒邪易致阳气耗散，所以补肾气就成了首要任务。中医认为，黑色对应的是肾脏，此时不妨喝点黑米、黑豆、大米煮成的"黑色粥"。不过，患有慢性肾病、高血压肾病、糖尿病肾病等病症的人要少吃黑豆，叫以用黑豆煮水喝，以免加重肾脏负担。

除此之外，还可以用米配合其他食材煮粥，如加芝麻，养肺益精；加莲子，益气固肾；加核桃仁，益肺补肾；加山药，补肺脾肾；加杏仁，止咳定喘；加芡实，健脾安胃。

腊八粥

感觉是黑暗料理，实则养生佳品。

有中国人的地方就会有腊八粥，此时总会感叹人们因地制宜，煮万物于一锅的想象力。

腊月，是一年当中气温最低的月份。简单的一款腊八粥，包含各种食材，具有和胃补脾、养心清肺、益肾利肝、明目安神等多种功效，老少皆宜，所以腊八粥不必等到腊月初八才喝。

【食材】

大米	100 克
红米	50 克
黑米	50 克
燕麦	50 克
芡实	20 克
莲子	30 克
红枣	6 个
混合果仁	30 克

【做法】

1. 红米、黑米、燕麦、芡实、莲子、红枣分别放入碗中浸泡。

2. 将所有食材放入电饭煲中，倒入适量清水。

3. 按下煮粥键即可。

厨房小语　　　食材可按自己喜好搭配。

突然袭来了一阵寒流，遥远的温柔，解不了近愁。

一块完美的苹果肉桂脆粒派，可以拯救寒冷无聊的午后，甚至乏味的生活。

烘焙甜点传达出的是女人的一种幸福姿态，《疯狂主妇》里的主妇之一布丽，就把女人的这种幸福演绎到极致。

布丽将自己制作的精致可爱小饼干放在竹篮里，以优雅的姿态送给邻居，而随饼干一起送去的，不只是烘焙手艺的展示，更多的是在委婉又嚣张地炫耀她的幸福。

窑变的不只青花和钧瓷，还有烘焙甜点。

起初以为，甜点配方上数字与说明很是明确，烤箱温度也有清晰的标识，只要以精确的配比一样样地做下去，一定可以做出点东西来的。但我忘了，任何事情的发展，永远不会像你想象的那样简单，过程明明是按标准规行矩步，烤出来的成品却没有一次不令人大惊失色，简直是万劫不复，不得不让人想到窑变的钧瓷，可谓"入窑一色，出窑万彩"。

苹果肉桂脆粒派，酥酥脆脆的外皮下，是软糯的肉桂苹果馅，有着超浓的肉桂香气，将整个苹果派的甜美提升到极致，暖暖的香味是给寒冷冬日的安慰。

| 小清调补 |

小寒养生进补要因人而异，宜以调补、清补为主，不宜盲目大补，以防补过了。

中医认为寒为阴邪，寒湿的地方，阴邪最盛，这个时节可以继续吃羊肉汤暖身暖肾。一年中难得可以肆无忌惮地温补，抓住机会啊。

南方只要一下雪，寒湿就来了，可以煲清补凉羊肉汤，它是一道广东经典常见的老火汤，清补凉的材料一般有淮山、玉竹、沙参、薏米、百合和莲子等，若是不知如何来选择汤料，也可以直接购买配好的清补凉汤料，比较方便。

传统煲羊肉汤，放的多为八角、桂皮等热性的香料，所以人们吃多了羊肉容易上火。而清补凉羊肉汤，用清补凉汤料搭配羊肉，清热祛湿，补元气，而且平补不燥，清甜而不油腻。

食材：羊肉 500 克，沙参 10 克，玉竹 10 克，莲子 15 克，百合 15 克，淮山 20 克，薏米 10 克，蜜枣 3 个，姜 1 片，盐适量。

做法：备好材料，清洗干净。羊肉焯水后，连同清补凉材料、姜放煲内，加开水一起煲；汤滚后调小火，煲 1 小时以上；煲好后加适量盐调味。

眼下天气真的很冷，有暖气的地方，要以温补、能补得进去为原则，羊肉也要谨慎着吃，谨防木气疏泄。

暖气燥热较重的地方，吃豆腐、白菜有个好处，就是吃了人会感觉特别清净。就拿豆腐来说，它能通大肠浊气，而且能清心肺的火气，润燥生津。

炖一碗鲫鱼豆腐汤，它有补的力，也有清的力，能祛湿消肿，益气补脾胃，特别适合给虚弱的人进补用。做法很简单，就不啰唆了。

巧克力果仁小蛋糕

在寒冷的冬日，起床也需要勇气，几乎让人有一种生无可恋的感觉。

为了抵御严寒，可爱的甜点可以融化心底的寒意，这款巧克力杯子蛋糕，略带苦涩的醇厚味道，温暖厚实，充满能量，在冻得瑟瑟发抖的冬日正好补充热量。

【食材】

低筋面粉————————45 克

黑巧克力————————80 克

无盐黄油————————60 克

白砂糖—————————50 克

鸡蛋———————————1 个

朗姆酒—————————15 克

牛奶————————————15 克

混合果仁————————30 克

泡打粉——————————2 克

【用具】

直径7 厘米纸模5 个。

【做法】

1. 果仁切碎。

2. 切块的黄油和黑巧克力倒入大碗里。隔水加热或用微波炉加热，搅拌至黄油和巧克力完全融化，成为黄油巧克力混合液。

3. 加入白砂糖，搅拌均匀。

4. 再加入鸡蛋、朗姆酒，搅拌均匀。

5. 低筋面粉和泡打粉混合过筛，筛入巧克力混合物里，搅拌均匀。

6. 加入牛奶，搅拌均匀。

7. 将面糊倒入模具里，表面撒上果仁碎。

8. 预热烤箱180℃，预热好后，将模具放进烤箱，上下火，中层，烘烤20 分钟左右，直到蛋糕完全膨胀起来。出炉冷却后脱模食用。

烘焙小语   1. 果仁如果是生的，需提前用烤箱烤熟，并切碎（170℃烤 7-8 分钟，烤出香味）。

2. 要把握好烘烤时间，时间过长，会使蛋糕口感变干、颜色变深。注意不要烤煳了。

3. 这款蛋糕，需要有泡打粉才会膨发起来，质地松软。所以泡打粉是不可以省略的哟！

大寒，十二月中。解见前。……水泽腹坚，陈氏曰，冰之初凝，水面而已，至此则彻，上下皆凝。故云腹坚。腹，犹内也。

——《月令七十二候集解》

大寒

过了腊八就是年。

大家都在盼雪，盼今冬北京的第一场雪，盼啊盼啊，地上连浮白都没有见到。

雪虽然没看到，可是年味已经来了。

年味，我最喜欢鲁迅在小说《祝福》中的描述："旧历的年底毕竟最像年底，村镇上不必说……就在天空中也显出将到新年的气象来，灰白色的沉重的晚云中闻时时发出闪光，接着一声钝响，是送灶的爆竹……空气里已经散满了幽微的火药香。"

年味总是夹着烟霭和忙碌的气色，在家家户户飘起一缕浓香。

那时候还小，穿着姐姐的旧灯芯绒裤子，流着鼻涕满街跑，总是盼着过年，总是觉得日子那样的长。

长大了，那些过年时的美味，只留在记忆上，仿佛已经很久很久了。

曾经，是那么的钟情母亲做的猪油年糕。猪油年糕是江浙一带的经典小吃，袁枚在《随园食单》中曾写到猪油年糕的做法：用纯糯米粉拌脂油，放盘中蒸熟，加冰糖捶碎，入粉中，蒸好用刀切开。

母亲做的猪油年糕，是用纯糯米粉，加上用糖腌渍的猪油丁和玫瑰酱而成，因为吃多了会觉得有些甜腻，所以老也吃不完，放在那里却又不坏，有一种能吃到天荒地老的感觉。

不知从何时起，我喜欢上了那种白年糕，模样很周正，虽然只是一味的白色，简简素素，温润细腻，却又是朴素的百搭菜，可荤可素，随便怎么烧，与谁一起烧都可以，既能当饭又能当菜，像极了江南水乡的小女子，浓妆淡抹总相宜。

| 保肝护胃 |

过年，怎么可以没有肉，没错，过年宜吃肉。

这两天，《啥是佩奇》在朋友圈里刷了屏，但是，这个为影片

《小猪佩奇过大年》宣传造势的短片，忘记了一件最重要的事，按照过年习俗，腊月二十六这一天，要杀猪割年肉，小猪佩奇根本过不了年啊！

扯远了，说回正题。

过年，餐桌上的团圆饭少不了肥甘厚味的鸡鸭鱼肉，这个时候常会暴饮暴食吃撑了，再加上各种饭局上又免不了要喝点酒，损肝伤胃不可避免。

《黄帝内经》说"饮食自倍，脾胃乃伤"，那么，怎样才可以保肝护胃呢？

假期中若接连几餐都是饱食状态，则可选择轻断食，中医养生提倡成人也要"三分饥和寒"。轻断食是指在一天中挑选其中一餐不吃，其他两餐只吃平时的一半食量，能改善脂肪代谢情况。

1. 一碟芥菜

芥菜性寒，当肉类和糯米做成的食物吃得太多时，内脏会发热，吃芥菜有清热解毒，促进胃肠消化、宽肠通便的功效。

2. 一盅番茄鸭蛋汤

西红柿颇得古今医家赏识，其性微寒、味甘酸，生津止渴，凉血养肝，清热解毒，据《陆川本草》载，西红柿有健胃消食、治口渴、增食欲的功效。鸭蛋可以清肺火，消积食。

3. 一碗白扁豆山药粥

扁豆被誉为首选健脾和胃的素补佳品，可以抑制人体内部糖类的转化，也能提高人体的耐糖性，可以预防血糖升高。山药为温补性，对肝、肾均有滋补和改善作用。

建议：餐桌上不要选择饮料和茶，喝饮料易胖，茶叶中有鞣酸和茶碱，会影响人体对食物的消化。最好选择比较清淡的菊花饮，清香怡人，好喝又健康。

乌塌菜炒冬笋

乌塌菜是上海著名的春节吉祥蔬菜，为冬季主要时令蔬菜之一，已有上百年历史。《食物本草》中记载，"乌塌菜甘、平、无毒"，能"滑肠、疏肝、利五脏"。

乌塌菜炒冬笋是上海菜中颇负盛名的地道家常菜。乌塌菜稍微带一点淡淡的苦味，梗糯叶软，翠绿怡人，加上质嫩色白的冬笋，鲜嫩清爽，只需简单地清炒，鲜香味美，吃起来就十分清甜可口。

【食材】

乌塌菜————————1棵

冬笋————————200克

【调料】

盐————————3克

白糖————————5克

【做法】

1. 将乌塌菜切开后洗净，沥干备用。

2. 冬笋剥壳，焯水后沥水。

3. 焯过的冬笋切片。

4. 热锅入油，油温后将乌塌菜倒入，大火爆炒。

5. 乌塌菜颜色变绿后加入冬笋片翻炒，调入盐、糖，炒匀后即可。

征鸟厉疾

次候 1月25~29日

每年进了腊月门，过年的气氛随着"二十三，糖瓜粘"更加浓烈，祭灶在民间算个大典，被老百姓称作"过小年"。

"送君醉饱登天门，杓长杓短勿复云，乞取利市归来分。"玉皇大帝若真要听此汇报，还真是忙不过来呢。

走在街上，从后面匆匆走过的人。撞了我一下，一看是一个民工模样的男人。他并没有意识到撞了我，只是一直往前走去，肩上扛着一个七鼓八翘的蛇皮袋子，手里还拎着一个大包。那蛇皮袋子的口处露着红花面子的棉被，真正的大红大绿。

我默默地看着他走向车站，还有更多像他一样的人，集合似的往车站赶去。原来要过年了，他们拿着从这里挣的钱，回家过年。

过年回家，过年回家，大家都是这样。

过了小年，家家都炸藕盒、炸丸子和炸麻花，蒸很多的馒头、花卷、枣饽饽、年糕。平时普普通通的馒头也多了几分花样。特别是枣饽饽，雪白的馒头配上红红的枣，色泽亮丽，模样可爱，非常讨喜。

过年到底是个大节日，家家都做东西吃。到处都是油炸的香气，仿佛听到了藕盒在油里"吱吱"地响。一盘一盘的菜肴，从料理台上一直摆到窗台上。

至今，还有些怀念小时候的年，看着父母在厨房里忙碌，伸手去捏父亲刚刚炸好的藕盒，父亲也没有了往日的严肃，笑呵呵看着我们在厨房里跑进跑出。

喜欢用最传统的方式迎接春节，我当它是个"溯游之旅"，在锣鼓鞭炮与欢笑声中，像孩子一样回到诞生之地。

| 解腻大法 |

不管你爱不爱吃，大鱼大肉从来都是过年的标配，各种鸡鸭鱼肉、花样百出的菜，吃肉是不可缺的重要一环。

又、又、又把我吃伤了，在肠胃各种不适之后，什么最解腻?

洛神乌梅茶

洛神花 20 克，乌梅 15 颗，甘草 20 克，山楂 10 克，陈皮 5 克，冰糖适量。一起放入锅中煮水，几分钟即可饮用。

洛神乌梅茶中的乌梅、山楂消油解腻、开胃健脾，而且清爽爽口，还避免了让饮用者摄入过多糖分。

橘皮水

把清洗干净的橘子皮切成丝、丁或块。饮用时可以单独用开水冲泡，也可以和茶叶一起饮，不仅味道清香，对多食油腻而引起的消化不良、不思饮食，尤为有效。

大麦茶

大麦茶有一股浓浓麦香，是一种真正的健康饮料。饭后喝杯大麦茶，大麦中的尿囊素可增加胃液分泌，促进胃肠蠕动，能起到开胃、清热、去腥膻、去油腻、助消化的作用。

百香果绿菊茶

用竹叶青茶、菊花放入茶壶中，冲入沸水，将百香果肉挖出放入沏好的茶中，调入适量蜂蜜搅拌均匀。

百香果具有促进消化、增强免疫功能、提神醒酒等功效，果肉中的膳食纤维能够润肠通便，清除体内毒素。

西梅汁

用西红柿加乌梅，放入破壁机中，加纯净水，打成汁饮用。西梅汁，气味芬芳，酸酸甜甜的滋味，清爽解腻，健脾开胃。

菠萝八宝饭

八宝饭食用指南，春节美食第一弹。

虽然历经千年，但其色泽鲜艳美观，软糯香甜，寓意团圆美满，如今在众多喜宴上依然有八宝饭的盛装出席，成为节日家宴上待客的佳品。

和八宝饭有奇妙裙带关系的是消寒糕。老北京人在大寒的时候要吃消寒糕，韧滑的年糕上嵌着核桃仁、桂圆、红枣，取年年平安、步步高升之意。

【食材】

糯米	200 克
菠萝	1 个
杏干	3 个
黑提子	10 克
枸杞	5 克
甜玉米粒	20 克
白蜜豆	20 克
红蜜豆	20 克
桂圆肉	20 克

【调料】

糖	30 克
橄榄油	8 克

【做法】

1. 黑提子、枸杞用温水泡开。

2. 糯米浸泡 6 小时。

3. 将泡好的糯米加糖和橄榄油拌匀，放入蒸笼中，上锅蒸 30 分钟，蒸熟。

4. 菠萝去蒂，掏出内瓤切丁。

5. 蒸好的糯米饭加入杏干、黑提子、枸杞、甜玉米粒、白蜜豆、红蜜豆、桂圆肉，拌匀。

6. 再放入菠萝丁，拌匀。

7. 放入菠萝壳中，上锅蒸 10 分钟即可。

厨房小语　1. 干果和菠萝丁一定不能跟生糯米一起上锅蒸，那样就蒸化了，要在糯米饭做好，放凉后拌入，再最后蒸 10 分钟口感刚刚好。

2. 干果可依据自己的喜好搭配。

老祖宗，除夕日，家里喊你回家过年了。

对极其看重宗族礼法的山东人来说，除夕日，家里先要祭祀，重中之重的仪式就是"请家堂"。

"请家堂"是指将祖宗和已故亲人的亡灵请回家里过年，时间是在除夕当天，一般是下午，去祖先的坟前祷告，说："过年了，跟我回家过年吧！"意思就是接祖先一起回家团圆，一年到头一家人可得齐齐整整的。

在除夕的晚餐之前，将祖先的牌位立于干净的案子上，摆上供品，碗内布饭菜，仿若天上众神与祖宗的灵魂此刻与家人同在，甚至共吃一块年糕，同时许一个平安愿，给家人、给自己。

记得有一年，那时才几岁的儿子居然爬上了祭祀的供桌，指着供桌上一排列祖列宗的牌位，问他爷爷："爷爷、爷爷，这是什么玩意儿？"先生急忙把儿子抱下来，对他说："这不是什么玩意儿，是老祖宗。"我和婆婆，还有弟媳妇，在一旁只是偷着乐，不敢笑出声来。后来，每年这个时候，我们都会想起儿子的话，然后说笑一番。

在年夜饭的餐桌上，依长幼之序而坐，此时，那些名片上冠冕堂皇的职务头衔全不存在，关起门来一家人谈的都是亲情事。

家人共进的不仅是年夜饭，其实共享的是一种"典礼"。

| 春节家宴修炼宝典 |

一张餐桌，摆下的是徐徐展开的风味人间。所有人奔赴的晚餐，应该怎么做？

家宴设计

家宴，首先要明确是中餐还是西餐，依据家宴不同的主题和宴请人数设计菜单。当确定了客人名单后，就可以开始设计家宴菜单了，菜单应根据客人的人数、饮食习惯及喜好、忌讳来制订。

菜品的种类搭配

家宴上的菜品，通常由凉菜、热菜、汤、甜点或主食几部分组成，凉菜、热菜、汤、甜点或主食的配比依次约为 20%、60%、10%、10%。

菜品和风味的搭配

主菜由鸡鸭鱼虾、山珍海味、干鲜果品等组成，是一桌宴席中最高档的菜，一般为一至两个大件。

佐菜有下酒菜、下饭菜，最好选用时令菜，做到精细清淡，品种丰富，如果一桌菜全是甜的谁也受不了，全是鸡也显得单调。

菜肴的形态，要切成不同的形状，或丝或片或块，多种颜色的不同搭配会显得更加美观。口味以咸鲜为主，搭配麻、辣、酸、甜及各种复合味。要利用各种烹饪方法手法，不单调不重复，使菜式丰富。

尾汤，是最后一个"压轴之作"，因此，内容要丰盛。

另外，简单地学点酒与菜品的搭配法会很有用，比如：吃油腻的荤菜，如红烧肉、红烧牛肉、羊肉煲等，适用红酒来配。吃清淡的菜，如清蒸海鲜、三文鱼刺身、生蚝、白灼虾等，应该用清淡型白葡萄酒、起泡酒、玫瑰红酒来配。

烹饪前的准备

提前一天购买需要保证新鲜度的蔬菜、海产品、肉类等。鸡鸭鱼肉等食材需提前腌入味，汤可以提前一天煲好，蔬菜可择洗干净后切成半成品，放入保鲜盒中，一律入冰箱冷藏。总之，80% 以上的工作要提前完成，到时直接下锅，快速地成菜上桌。

上菜的次序

先凉后热，凉菜荤略多于素，也可荤素搭配，还可依据自家情况搭配。

先菜后汤。首先要上的是头菜，也就是家宴的主菜，是整桌宴席中原料最高档、做法最讲究的，也就是最有范儿的菜。其次是汤菜，也就是清淡一点的菜，品尝过前面主菜的厚味浓香，这一道要起到爽口、解腻的作用。然后是行菜、汤，可以根据需要在食材上自行搭配。最后是主食或甜点，最好两种口味，一荤一素或一咸一甜。

以上只是一个总的原则，家宴菜肴无论如何的繁花似锦，只要知晓原则、列好菜单、做好计划，只要统筹安排，一切尽在掌握之中，任何大菜也如小菜一碟了。

除夕餐桌上的『老三篇』

大寒，在最后的寒冷里等待团圆。一顿团圆饭，几千年的中国生活史。

我家的年夜饭，餐桌上永远不能缺的是：一条鱼，一只猪蹄，一盘如意菜。这"老三篇"是必需的，缺一不可。

这个传统是从母亲那里继承来的，母亲的除夕年夜饭，无论是凭票供应的年代，还是生活富裕之年，总是离不了"老三篇"，而且讲究质量，讲究烹饪方法，几十年来年年如此。

糖醋鱼

糖醋鱼是母亲的招牌菜，端上桌来，只见一条鲤鱼端然立在盘中央，身披一层浓厚的金黄料汁，有展翅欲飞的气势。作为一条鱼，能这样绅士而优雅、体面而完整地出场，无疑是对它的最高奖赏，也不枉它入世一场。

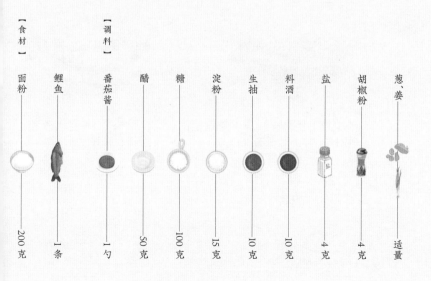

【食材】

面粉 200 克

鲤鱼 1 条

【调料】

番茄酱 1 勺

醋 50 克

糖 100 克

淀粉 15 克

生抽 10 克

料酒 10 克

盐 4 克

胡椒粉 4 克

葱、姜 适量

【做法】

1. 糖、醋、清水按 2 : 1 : 2 的比例，调成汁。

2. 面粉、淀粉加水调成糊。

3. 将鱼去鳞、鳃，净膛洗净，在鱼鳃下 1 厘米处切一刀，在鱼尾部再切一刀，鳃下的切口处，有一个白点，就是鱼的腥线的头，捏住腥线的头，轻拍鱼身，很容易就能把腥线抽出来了。

4. 在鱼的两面隔 2.5 厘米打成牡丹花刀，切法是先立切 1 厘米深，再平切 2 厘米。切好的鱼放入生抽、盐、料酒、胡椒粉腌 30 分钟入味。

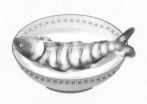

5. 将淀粉、面粉调成糊，均匀抹在腌好的鱼上。

6. 油烧至七成热，提起鱼尾，先将鱼头入油稍炸，再用勺舀油淋在鱼身上。

7. 待面糊凝固时再把鱼慢慢放入油锅内。

8. 炸熟，取出。待油热至八成时，将鱼复炸至酥脆，出锅装盘。

9. 炒锅内留少许油，放入葱花、姜末、蒜末爆香。再倒入调好的汁和番茄酱，加少许湿淀粉将汁收浓。

10. 起锅浇在鱼身上即可。

厨房小语　　1. 糖醋鱼的关键还是那一碗糖醋汁。糖醋汁可按 2 份糖、1 份醋、2 份清水的比例调配，就可达到最佳甜酸度。当然了，这个配比，不是 1 加 1 等于 2 那么简单的公式，而是要根据自家人的口味调配，找到最适合的比例。

2. 炸鱼时需掌握油的温度，凉则不上色，过热则外焦内不熟，一定要复炸一次，鱼才可酥脆。

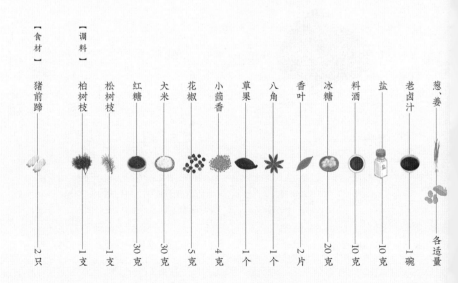

节 气 厨 房

松烟熏猪手

每到过年，总是听母亲千叮咛万嘱咐地说：想着买两只猪前蹄回来。

母亲说：都是从老辈人那传下来的，过年了，啃猪蹄儿是要给来年有个挠头，一定记得要买前蹄啊，猪前蹄才叫猪手，前蹄搂钱是往怀里搂。别买后蹄，后蹄叫猪脚，猪脚是往后蹬的。南方有道著名的菜叫发财就手，就是用猪前蹄做的，为了图个好意头。

【食材】

| 猪前蹄 | 2只 |

【调料】

柏树枝	1支
松树枝	1支
红糖	30克
大米	30克
花椒	5克
小茴香	4克
草果	1个
八角	1个
香叶	2片
冰糖	20克
料酒	10克
盐	10克
老卤汁	1碗
葱、姜	各适量

1. 猪蹄洗净，一剖两半。

2. 砂锅中加水，放入猪蹄煮
　开，撇去浮沫。

3. 放入老卤汁。葱、姜备用，
　香叶、八角等调料放入盒中，
　一起放入锅中，调入盐、冰
　糖、料酒，大火煮开，转小
　火卤熟。将猪蹄捞出沥干。

4. 铺一张锡纸，撒上大米、
　红糖、松树枝、柏树枝，放
　入锅中。

5. 放一个箅子，将猪蹄摆在
　箅子上。盖好锅盖，开火熏5
　分钟，关火，继续盖着盖子
　熏10分钟。

厨房小语　　　烟熏料的比例是大米与红糖1：1。

如意菜

如意菜，可以说是母亲从江南带过来的一道家常菜。这道小炒用的是最不起眼的一种食材，就是黄豆芽，明代陈嶷曾有过赞美黄豆芽的诗句："有彼物兮，冰肌玉质，子不入于污泥，根不资于扶植。"加之形似一柄如意，所以被称之为如意菜。

清代美食家袁枚，将豆芽写进了他的美食书《随园食单》中，也算有力挺之意了。

【食材】

香干　200克

胡萝卜　100克

香菜　1棵

黄豆芽　300克

【调料】

鸡精　适量

香油　适量

生抽　10克

盐　2克

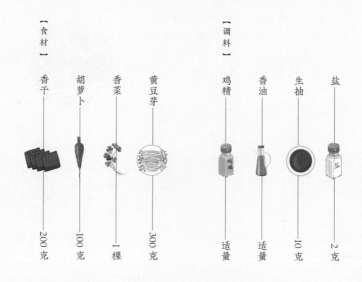

1. 黄豆芽择洗干净；香菜洗净，切段；胡萝卜洗净，切丝；香干切丝。

2. 锅中放油，放入胡萝卜翻炒变色。

3. 放入黄豆芽翻炒至熟透。

4. 下香菜、香干炒均。调入盐、生抽、香油、鸡精，翻炒均匀即可出锅。

厨房小语　　蔬菜可以依据自己的口味搭配，也可多加几种。

年夜饭的压轴大戏之豆腐馅饺子

一年只能吃一次的饺子。

这指的是大年初一早晨的那顿饺子，就是过了晚上 12 点吃的那顿饺子。

用豆腐做主料，不能放肉，连葱花都不让放，全素，寓意就是一年素素净净。再不吃素的人，这时也会吃上几个，谁能和这美好的寓意较劲！

母亲对年三十包的饺子，有着特别的讲究，就连摆放也有定规。放饺子要用圆形的盖帘，饺子要先在中间摆放，一圈一圈地向外逐层摆放整齐，不可乱放。俗话说：千忙万忙，不让饺子乱行。

母亲告诉我，这叫"圈福"。

【食材】

香菇 ———— 150 克

豆腐 ———— 400 克

面粉 ———— 400 克

【调料】

蚝油 ———— 10 克

香油 ———— 15 克

调馅粉 ———— 10 克

葱 ———— 80 克

盐 ———— 4 克

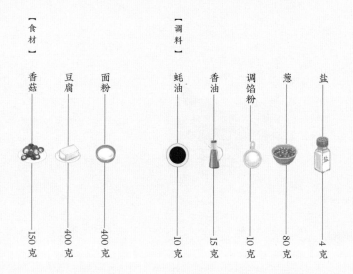

1. 面粉加温水和成面团，醒20分钟。

2. 豆腐放入锅中，水开后蒸15分钟。

3. 豆腐压碎放入大碗中，放入葱，香菇切末放入碗中，调入盐、调馅粉、香油、蚝油拌匀。

4. 面团下剂，擀皮，包入馅料。

5. 捏成水饺。

6. 锅中加清水，水开后下饺子，煮熟即可。

厨房小语　　馅料可依据自己的喜好搭配。

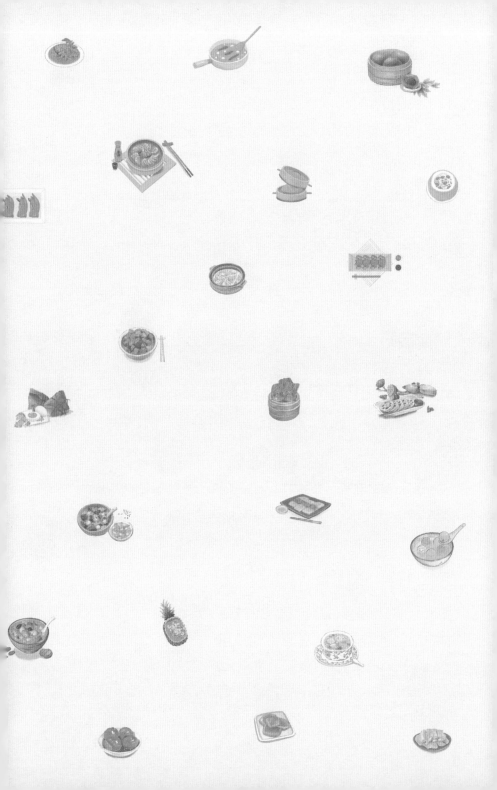

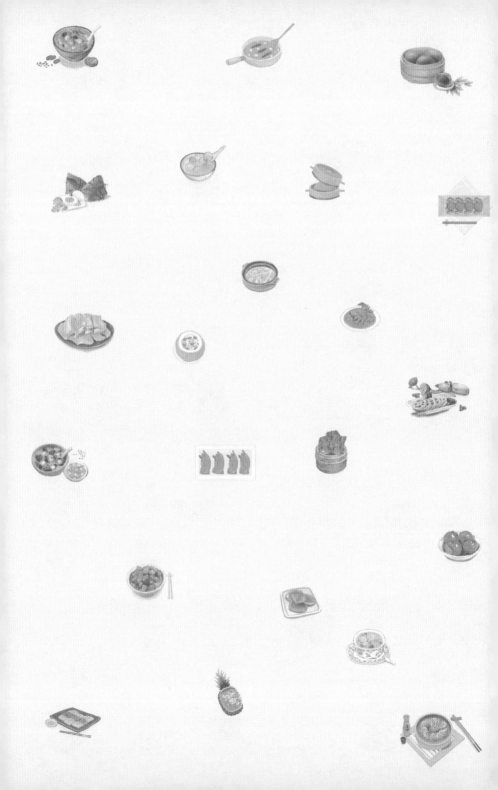